Science Pearls　**Youth Edition**
国际科普大师丛书(青春版) ● 数理篇

迷人的材料

**10种改变世界的
神奇物质和它们
背后的
科学故事**

Stuff Matters

Exploring the Marvelous
Materials That Shape
Our Man-Made World

［英］ 马克 · 米奥多尼克
(Mark　Miodownik) /著
赖盈满 /译

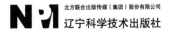
北方联合出版传媒(集团)股份有限公司
辽宁科学技术出版社

著作权合同登记号：图字 02-2019-312 号

Stuff Matters: The Strange Stories of the Marvellous Materials that Shape Our Man-Made World, by Mark Miodownik Copyright © Mark Miodownik, 2013
First Published 2013
First published in Great Britain in the English Language by Penguin Books Ltd.
Published under licence from Penguin Books Ltd.
Penguin（企鹅）and the Penguin logo are trademarks of Penguin Books Ltd.
Simplified Chinese edition copyright © 2024 by United Sky (Beijing) New Media Co., Ltd.
Copies of this translated edition sold without a Penguin sticker on the cover are unauthorized and illegal.
All rights reserved.
封底凡无企鹅防伪标识者均属未经授权之非法版本。
本书中文译稿由台湾远见天下文化出版股份有限公司授权使用

献给露比、拉兹洛和那个小不点儿！

目录

序章　走进神奇的材料世界

一刀引发的机缘

我站在地铁车厢里，身上有一道13厘米长、后来被医生诊断为利刃割伤的伤口在殷殷渗血，我心想：接下来该怎么办？

那是1985年5月的一天，我在车门关上前跳进车厢，把攻击者挡在门外，却没闪过他的一刀，背上被划了一下。伤口像遭利纸割伤一样剧痛，而我看不到伤势有多重。但身为英国人，又是中学生，我心中的难堪压过了应有的常识。因此我非但没有呼救，反而决定最好闷不吭声坐车回家。这么做很怪，但我就是那样做了。

为了让自己分心，别去注意疼痛和鲜血流过背部的不适，我试着回想刚才究竟发生了什么。那家伙在月台上朝我走来，向我要钱。我摇头拒绝。他突然凑得很近，让人很不自在。他盯着我说他有刀，他说这话时喷了几滴口水，溅在我的眼镜上。我顺着那家伙的目光望向他蓝色连帽夹克的口袋，发现他一手插在口袋里，里面凸起了一块。我直觉认为他只是虚张声势，凸起来的是他的食指。接着，我心里闪过另一个念头：就算他有刀，也一定是很小的一把，这样才塞得进口袋里，因此绝不可能伤人太重。我自己也有小刀，知道那种刀很难割穿我身上那么多件衣服，包括我引以为傲的皮夹克、灰色羊毛西装制服、尼龙V领毛衣、白色棉衬衫，外加打了一半的条纹制服领带和棉背心内衣。我脑中迅速浮现一计：继续跟他说话，然后趁车门关上之前把他推开，赶紧上车。我看见车就快来了，确信他一定来不及反应。

有趣的是我猜对了一件事：他真的没有刀。他手上的武器只是一把用胶带缠住的剃须刀刀片。那一块小铁片不比邮票大，却一口气割穿了五层衣服，割破我的表皮和真皮，一点阻碍也没有。我后来在警察局看到了那玩意儿，整个人愣傻了，如同遭催眠一样。我以前当然见过剃须刀，但那一刻却发现自己根本不了解它。我那时刚开始刮胡子，只看过嵌在比克牌橘色塑料刮胡刀里的刀片，那玩意儿感觉友善得很。警察问我凶器的事，我们之间的桌子微微晃动，刀片也跟着摇晃，映着日光灯熠熠生辉。我清楚地看见它的钢刃依然完美无缺，下午那一番折腾没有在上面留下任何刮痕。

我记得后来要填笔录，爸妈焦急地坐在我身旁，不晓得我为何停笔不写。难道我忘了自己的姓名和地址？其实我是在盯着第一页顶端的订书针瞧，很确定它也是钢制的。这一小根其貌不扬的银色金属不仅刺穿了纸面，而且干净利落，精准无比。我仔细观察订书针的背面，发现它两端整整齐齐对折收好，把纸紧紧抱住。连珠宝匠也没有这等功夫。我后来查到世界上第一把订书机是工匠亲手为法国国王路易十五打造的，每一根针上都刻着国王的姓名缩写。谁想得到订书机竟然有皇室血统？我觉得这订书针真是"巧夺天工"，于是指给父母看。他们两人对看一眼，面带愁容，也许在想：这孩子一定是神经错乱了。

我想是吧，因为怪事显然发生了。那一天，我正式成了"材料迷"，而头一个对象就是钢。我突然对钢超级敏感，发现它无所不在，其实只要开始留意，就会察觉确实如此。

我在警察局做笔录时，发现圆珠笔尖是钢做的；我父亲焦急地等待时，钥匙圈当啷作响，那也是钢制成的；后来钢还护送我回家，因为包住我家车子外壳的还是钢，而且厚度比一张明信片还薄。说来也奇怪，那辆车子平常很吵，但我觉得它那天特别乖巧，仿佛在代表钢为下午的事向我道歉。回家后，我和父亲并肩坐在餐桌前，安静地喝着母亲煮的汤。我突然停下来，发现自己正拿着一块钢片放进嘴里。我把不锈钢汤匙吸吮干净，拿出来看着它发亮的表面。那勺面又光又亮，连我变形的倒影都看得见。"这是什么材质？"我挥动手里的汤匙问父亲，"还有，它为什么没味道？"说完，我把汤匙放回嘴里仔细吸吮，确定它是不是真的没味道。

我脑中涌出了几百万个问题。钢为我们做了那么多事，我们为什么几乎不曾提到它？这材料和我们那么亲密，我们把它含在嘴里、用它去除不要的毛发、坐在它里面到处跑，它是我们最忠实的朋友，我们却几乎不晓得它如此万能的诀窍。为什么剃刀用来切割，回形针却能随意弯折？为什么金属会发亮，玻璃却是透明的？为什么绝大多数人都讨厌混凝土而喜欢钻石？为什么巧克力那么好吃？某某材料为什么外观是那样子、有那样的性质？

材料构筑了我们的世界

自从那天被人割伤之后，我沉迷在材料里。我在牛津大学攻读材料科学拿到博士，研究主题是喷气发动机用合金，接着又到全球各地最先进的实验室担任材料科学家和工程师。我对材料越来越着迷，手边收藏的特殊材料也越来越多。那些样本如今都纳入我跟同事兼好友赖芙琳（Zoe Laughlin）和康林（Martin Conreen）共同打造的材料馆里。其中有些怪得离谱，例如美国国家航空航天局的气凝胶，成分有99.8%是气体，感觉就像固态烟雾；有些具有放射性，例如我在澳大利亚一家古董店很里面的角落发现的铀玻璃；有些很小却重得夸张，例如要千辛万苦才能从钨锰铁矿中提炼铸成的钨条；有些虽然常见却隐含不为人知的秘密，例如自愈型混凝土。这座材料馆目前位于英国伦敦大学学院的制成研究中心，里

头收藏了上千种材料，呈现出建构我们这个世界——从住宅、衣服、机器到车辆的各种原料。你可以用它们重建文明，也可以用它们毁灭世界。

然而，我们还有一个更巨大的材料馆，里头收藏了数百万种材料，这是已知最大的材料馆，而且收藏数量一直呈指数增长——那就是人造物的世界。请看上页的照片。这是我在我家屋顶喝茶的照片。这张照片非常普通，但如果仔细观察，你就会发现它像一份名录，列出了建构我们整个文明世界的各种材料。这些材料很重要。拿掉混凝土、玻璃、织物、金属和其余材料，我就只能光溜溜地飘在空中发抖。我们或许自认为文明，但文明绝大多数得归功于丰饶的物质。少了物质材料，我们可能很快就得和其他动物一样为了生存而搏斗。因此从这个角度看，是衣服、住宅、城市和各式各样的"东西"让我们成为人（只要去过灾区就知道我在说什么），而我们用习俗和语言让它们具有生命。因此，材料世界不仅是人类科技与文化的展现，而且是人类的一部分。我们发明材料、制造材料，而材料让我们成为我们。

文明时代就是材料时代

从我们对文明发展阶段的划分（石器时代、青铜时代和铁器时代），我们就可以看出材料对我们而言有多么重要。人类社会的每一个新时代都是由一种新材料促成的。钢是维多利亚时代的关键原料，让工程师得以充分实现梦想，做出吊桥、铁路、蒸汽机和邮轮。修建英国大西部铁路与桥梁的伟大工程师布鲁内尔（Isambard Kingdom Brunel）用材料改造了地景，播下了现代主义的种子。

20世纪常被歌颂为硅时代，是因为材料科学的突破带来了硅芯片和信息革命。但这个说法忽略了其他五花八门的崭新材质，它们同样改写了现代人的生活。建筑师运用大规模生产的结构钢和平板玻璃建起摩天大楼，创造出新的都市生活形态。产品和服装设计师用塑料彻底改变了我们的住宅与穿着。聚合物制造而成的赛璐珞催生了影像文化一千年来的最大变革，也就是电影的诞生。铝合金和镍超合金让我们制造出喷气发动机，使得飞行从此变得便宜，进而加速了文化互动。医用和牙科陶瓷让我们有能力重塑自己，并改写了残障与老化的定义。整形手术的英文是"plastic surgery"，而

"plastic"既有"整形"又有"塑料"的意思。这显示材料往往是新疗法诞生的关键，从器官修补（如髋关节置换手术）到美化外表（如硅胶隆胸）都是如此。德国著名解剖学家冯·哈根斯（Gunther von Hagens）博士展出人体标本的"人体世界展"，也展现了新颖的生物医用材料对文化的影响，促使我们思考自己生时和死后的物质性。

人类建构了物质世界。如果你想了解其中的奥秘，挖掘这些物质来自何处、如何作用，又如何定义了我们，那么这本书便是献给你的。材料虽然遍布我们周遭，却往往面貌模糊得出奇，隐匿在我们生活的背景中，毫不显眼，乍看很难发现它们各有特色。绝大多数金属都会散发灰色光泽，有多少人能分辨铝和钢的差别？不同的树木差异明显，但有多少人能说出为什么？塑料更是令人困惑，谁晓得聚乙烯和聚丙烯有什么差别？但更根本的问题或许是：这种事有谁在乎？

我在乎，而且我想告诉你为什么。不仅如此，既然主题是材料，是构成万物的东西，那么我爱从哪里开始都可以。因此，我选了我在屋顶的照片作为这本书的起点和灵感来源。

我从照片中挑了10种材料，用它们来说"东西"的故事。我会挖掘这10种材料当初发明的动机，揭开其背后的材料科学之谜，赞叹人如何用高明的技术把它们制造出来。更重要的是，我会说明它为何重要，为何少一物便不能成世界。

在发掘的过程中，我们将发现材料和人一样，差异往往深藏在表面之下，大多数人唯有靠先进的科学仪器才能略窥一二。因此，为了了解材料的性质，我们必须跳脱人类的经验尺度，钻进物质里面。唯有进入这个微观世界，我们才能明了为何有些材料会有气味，有些则无；有些东西上千年不变，有些一晒太阳就发黄变皱；有些玻璃可以防弹，但玻璃酒杯却一摔就碎。这趟微观之旅将揭开我们饮食、衣着、用具和珠宝背后的科学，当然还将探索人体。

不过，微观世界的空间尺度虽小，时间尺度却常常大得惊人。就拿纤维和丝线来说，它们的尺寸和头发差不多，是细得肉眼几乎看不见的人造物，我们可以用它来制造绳索、毛毯、地毯以及最重要的东西——衣服。我们身上穿的牛仔裤以及所有其他衣服都是微型编织结构，而许多结构的式样比英国的巨石阵还古老。人类历史都记载衣服能保暖、庇护身体，还能穿出时尚，但衣服也是高科技产品。20世纪发明了强韧的纤维，让我们可以制作太空服保护登陆月球的航天员，还有坚固的纤维可以制造义肢。至于我，我很开心有人发明了一种名叫"凯芙拉"的高强度合成纤维，可以制作防刀刺的内衣。人类的材料技术发展了几千年，所以我会在书中不断提到材料科学史。

本书每一章不但会介绍一种材料，而且会提供一个认识材料的不同角度。有些主要从历史出发，有些来自个人经验；有些强调材料的文化含义，有些则强调科技的惊人创造力。每一章都是这些角度的独特混合，理由很简单，因为材料有太多种类也太多样，我们跟材料的关系也是如此，不可能一概而论。材料科学是从技术层面了解物质的最强大、最统合的理论架构，但重点还是关于材料，而不是探讨科学。毕竟所有东西都是由别的东西制成的，而制造东西的人（艺术家、设计师、厨师、工程师、家具师傅、珠宝匠和外科医生等）对所使用的材料都有属于自己的情感、感觉和运用方式。我想捕捉的就是如此丰富多样的材料知识。

例如，我在讨论纸的那一章中用了许多角度，像快照一样呈现，不只因为纸有各种形态，还因为几乎所有人都在以许多方式使用纸。但在讨论生物医用材料的那一章中，我却钻入了"人类的物质自我"（也就是人体）的最深处。这块领域正迅速成为材料科学的处女地，不断有新材料出现，开启了名为仿生学的全新世界，让人体得以借助植入物而重建。这些植入物都经过设计，可以"聪明地"融入肌肉和血液的运作中。它们誓言彻底改变人和自我的关系，因此对未来社会有深远的影响。

看不见的微观世界影响大

由于万物都由原子组成，因此我们无法不谈原子的运作原理，也就是人称量子力学的理论。这表示我们一旦进入微观原子世界，就必须完全舍弃常识，开始谈论波函数和电子态。越来越多材料从这个微观尺度被创造出来，而且这些材料看起来几乎无所不能。运用量子力学设计而成的硅芯片已经催生了信息时代，而以同样方式设计的太阳能电池很有潜力，只靠阳光就能解决能源问题。不过革命尚未成功，我们还在使用石油和煤炭。为什么？在发电领域有一个明日之星——石墨烯，我会试着用它来解释当下发电方式的局限。

简而言之，材料科学的基本概念就是：看不见的微观世界若有变化，那么在人的尺度之中，物质行为也会跟着改变。我们的祖先能做出铜和钢之类的新材料，就是因为碰巧蒙到了这个过程。差别只在于老祖先没有显微镜，看不见自己在做什么，但这只让他们的成就显得更加惊人。比方说，敲打金属不只会改变它外在的形状，而且会改变它内在的结构，因此若用某种方式敲击，金属的内在结构就会有所改变，使它变得更硬。我们的祖先从经验中学到了此事，只不过并不知其所以然。人类的材料知识从石器时代开始就不断累积，但直到20世纪，人类才掌握了材料的真正结构。然而，蕴含在铸铁和其他工艺里的经验知识依然重要，而本书提到的材料也几乎都是经由我们手脑并用才发现和认识的，因此认识材料不仅靠脑袋，而且靠双手。

人在感觉和生活上都与材料建立了关系，这带来了许多奇妙的结果。有些物质虽然有瑕疵，我们却爱不释手；有些材料很实用，我们却深恶痛绝。就拿陶瓷来说吧，陶瓷是餐具的原料，我们的杯碗瓢盘都是陶瓷做的，无论家庭或餐厅，都少不了陶瓷。

人类从几千年前发明农耕以来就在使用陶瓷，然而陶瓷用久了容易有缺口、发生龟裂，甚至在不该破的时候摔得粉碎。我们为何不改用更坚固的材料，例如塑料或金属来制作碗盘和杯子？陶瓷在物理上有这些缺点，我们为何还对它不离不弃？许多领域的学者都在问这个问题，例如考古学家、人类学家、设计师和艺术家，但有一门学科专门有系统地研究人对材料的感官反应，并且发现了许多有趣的现象，那就是心理物理学。

例如针对"酥脆感"所做的研究显示，我们觉得某些食物好吃与否不只跟味道有关，还跟品尝时的声音有关，两者同样重要。这让不少厨师受到启发，开发出具有音效的餐点，而某些薯片商更进一步，不仅让产品更酥脆，而且还让包装发出声音。我在介绍巧克力那一章会讨论材料的心理物理学意义，同时说明材料的感官性几百年来一直是人类发明创造的主要动力。

这本书当然无法涵盖所有材料，也无法尽述材料和人类文化的关系，而是概略介绍材料如何影响我们的生活，并且阐述即使单纯如在屋顶上喝茶的活动，也必须依赖复杂的物质网络才能进行。各位不必到博物馆就能领略历史和科技如何推动人类社会的发展，它们的影响此时此刻就在你身旁，只是我们多数时候视而不见。我们必须视而不见，因为要是我们整天一边用手指滑过水泥墙面，一边发出赞叹，肯定会被当成疯子。但在某些机缘下，你会陷入沉思：我在地铁站被人割了一刀的那一刻，就属于那样的机缘。我希望这本书也提供这样的机缘，能让你走进神奇的材料世界。

第一章　不屈不挠的钢

steel
钢

　　我从来没在酒吧厕所签过保密条款，因此当我发现布莱恩只是叫我签字，没有其他意图时，不禁松了一口气。一小时前，我才认识布莱恩。这家叫作希汉斯的酒吧位于都柏林市郊的邓莱里，离我当时的工作地点不远。布莱恩六十多岁，脸色红润，挂着拐杖，一条腿不良于行。他穿着潇洒的西装，稀薄的灰发带着一点金色，丝卡牌香烟抽个不停。布莱恩发现我是科学家后，立刻猜到我应该会对他20世纪70年代在伦敦的经历感兴趣。他在伦敦销售英特尔4004芯片，正好赶上当时的计算机热潮。他以每箱一英镑的价格进了12 000箱芯片，再以十倍价格卖给相关产业。我跟他说我在都柏林大学学院机械工程系研究合金，一直滔滔不绝的他难得地沉默下来，陷入沉思。我便趁机去了洗手间。

保密条款就写在一张纸上，这张纸显然是刚从他的笔记本上撕下来的。内容很短，主要是说他会跟我描述他的发明，但我必须保密，而他会付我一爱尔兰镑。我请他再多告诉我一点，但他戏谑地闭上嘴巴，做了拉拉链的动作。我不大晓得我们为什么要在厕所谈这件事。隔着他，我看见其他顾客进进出出。我心想是不是该大声呼救。布莱恩摸了摸外套，从口袋里掏出一支圆珠笔，又从牛仔裤口袋掏出一张皱巴巴的钞票。他是认真的。

我在满是涂鸦的厕所隔间墙上签了保密条款。布莱恩也签了字，然后把钞票给我，那张纸就成了有效力的正式文件了。

回座之后，我们继续喝酒，布莱恩开始解释他发明的电动磨刀机。他说他的发明会掀起剃刀革命，因为所有人从此只需要买一次刀片。数十亿美元的产业将瞬间化为乌有，而他会一夕暴富，地球矿藏的消耗也将减少。"怎么样？"他问，然后骄傲地灌了一大口啤酒。

我狐疑地望着布莱恩。科学家都会遇到这种事，被某人抓着大谈自己惊天动地的大发明。再说，剃刀于我是一个敏感话题。我觉得被刺了一下，浑身不对劲，想起了背上那一道长长的伤疤，还有我在汉默斯密地铁站的遭遇。但我还是示意布莱恩继续讲下去……

晚熟的科技

直到20世纪，科学家才对钢有深入的了解，这实在很怪，因为锻铁这门技术已经代代相传了数千年。即使在19世纪，人类对天文、物理和化学已经有了惊人的理解，工业革命所仰赖的铸铁和炼钢还是全凭经验，靠的是直觉、仔细观察和大量的运气。（布莱恩会不会正是这样的幸运儿，碰巧发明了磨刀的划时代新方法？我发现我并不想否认这种可能性）

在石器时代，金属非常罕见，因此备受珍惜。铜和金是当时仅有的金属来源，因为地壳上只有这两种金属是自然存在的（其他都必须从矿石中提炼），只是数量不算多。地壳上也有铁，但绝大部分来自天上的陨石。

关于从天而降的金属，没有人比家住波斯尼亚北部的拉伊奇（Radivoke Lajic）体会更深了。

2007年到2008年，他家就至少五次遭陨石击中。在统计学上来说，发生这种事的概率实在微乎其微，拉伊奇说外星人锁定了他

●来自太空的陨石

12

家，听起来还蛮有道理的。他在2008年发表这个看法，结果他家又遭陨石击中一次。科学家调查后证实是陨石没错，并开始研究他家附近的磁场，希望找出这非比寻常的高频率背后的原因。

少了金、铜和陨石铁，我们石器时代的老祖先就只能用燧石、木头和兽骨制作工具。使用过这些材料的人都晓得，用它们做成的工具用途相当有限。木头一敲不是碎了、裂了，就是断成两截，石头和兽骨也不例外。金属跟这些材料根本上就不同，金属可以锻造——加热后会流动且有可塑性。不仅如此，而且金属越敲越强韧，光靠打铁就能使刀刃更硬，而且只要把金属放入火中加热，就能反转整个过程，让金属变软。

一万年前最先发现这一点的人类，终于找到一种硬如岩石又像塑料般可以随意塑形，还能无限重复使用的材质。换句话说，他们找到了最适合制作工具的材料，尤其适合制作斧头、凿子和刀之类的切割用器具。

我们的老祖先一定觉得金属这种软硬自如的能力非常神奇。我很快发现，布莱恩也有同样的感受。他说他没有什么物理和化学知识，全凭反复试错设计出他的发明，但终究成功了。他希望我能帮他测量经他的机器操作后，刀刃锐利度的前后差异，因为拿得出这种证据，他才有本钱跟剃须刀公司好好谈生意。

我告诉布莱恩，用他的机器磨出来的刀刃可能要经过几项测试，剃须刀公司才可能认真考虑他的想法。金属是由金属晶体组成的，每片刀刃平均含有几十亿个晶体，晶体里的原子都按特定方式堆积，形状接近完美的立体晶格。金属键把原子固定在位置上，使得晶体变得强韧，而剃须刀的刀刃变钝，是因为它在反复撞击毛发后，晶体的结构改变，金属键被打断或晶体发生了滑移，致使平滑的锋刃上出现小凹洞。

如果照布莱恩的想法，用电动设备磨利刀刃，就得反转前述整

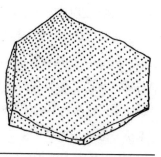

●金属晶体示意图，剃须刀内的晶体便
类似如此，其中的成排小点代表原子

个过程。换句话说，原子必须重新归位，回复成原来的结构。布莱恩想让业者认真考虑他的构想，不仅需要证明他的发明能重建晶体结构，而且还必须在原子层面上做出解释，说明为什么这样做可行。摩擦会生热，而不管是以电动或其他方法加热，通常效果都跟他所宣称的相反——热会让金属变软而非变硬。我这么跟布莱恩说，布莱恩说他晓得，但坚称他的电动磨刀机不会加热刀刃。

金属由晶体组成，这个想法可能很怪。因为提到晶体，我们通常会想到透明的多面体矿石，例如钻石或翡翠等。金属的晶体特质从表面看不到，因为金属不透明，而且晶体构造通常小到必须用显微镜才看得见。使用电子显微镜观察金属晶体，感觉就像看到铺得毫无章法的地砖，晶体内则是驳杂的线条，称为"位错"。位错是金属晶体内部的瑕疵，表示原子偏离了原本完美的构造，是不该存在的原子断裂。位错听起来很糟，其实大有用处。金属之所以能成为制作工具、切割器和刀刃的好材料，就是因为位错，因为它能让金属改变形状。

你不必用到锤子就能感受位错的力量。拗回形针，就是把金属晶体弄弯，要是晶体不弯，回形针就会像木棍一样碎裂折断。金属的可塑性来自位错在晶体内的移动。位错移动会带着微量的这种物

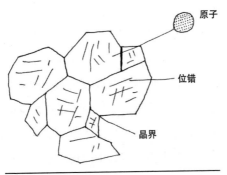

原子

位错

晶界

●在这张简图中，我只画了几个位错，方便读者想象。
一般金属内的位错数量惊人，而且会重叠交错

质，以超音速从晶体的一侧移向另一侧。换句话说，当你拗弯回形
针时，里面有将近100 000 000 000 000个位错以每秒数千米的
速度移动。虽然每个位错只移动一小块晶体（相当于一个原子面），
但已经足以让晶体成为具有超级可塑性的物质，而非易碎的岩石了。

金属的熔点代表晶体内金属键的强度，也代表位错容不容易移
动。铅的熔点不高，因此位错移动容易，使得铅非常柔软。铜的熔
点较高，因此也较坚硬。加热会让位错移动，重新排列组合，结果
之一就是让金属变软。

对史前人类来说，发现金属是划时代的一刻，但金属数量不多
的基本问题仍没有解决。其中一个解决方法，是等天上掉下更多陨
石来，但这么做需要很有耐心。每年约有几公斤的陨石掉落地球，
但大多数都落入了海中。后来，有人发现了一件事，这个发现不仅
终结了石器时代，而且开启了一扇大门，让人类获得了一样似乎永
不匮竭的物质：他们发现有一种绿色石头，只要放进热焰里再覆以
火红的灰烬，就会变成发亮的金属。我们现在知道这种绿色石头是
孔雀石，而发亮的金属当然就是铜。对我们的老祖先来说，这肯定
是最神奇的发现。遍布四周的不再是毫无生气的岩石，而是拥有内

在生命的神秘物质。

我们的老祖先只能对孔雀石等少数几种岩石施展这种魔法，因为要有效地把石头转变成金属，不仅得先认出正确的岩石，而且要仔细控制它的化学状态。但就算某些石头无论加热到多高温度都还是顽石，丝毫没有转变，我们的老祖先肯定还是觉得这些石头藏有神奇的奥秘。他们猜得没错。加热法适用于提炼许多矿物，只是那是几千年后的事了，在人类了解其中的化学原理，知道如何控制岩石和气体在火焰中进行的化学反应之后，熔融法才真正有了新的突破。

没有金属铜，就没有金字塔

大约从公元前5000年起，我们的老祖先便不断试错，精进炼铜技术。铜制器具不仅促成了人类科技的突飞猛进，而且催生了其他技术，以及城市和第一波人类文明。埃及金字塔就是铜制器具大量应用的结果。建造金字塔用的岩石都是从矿场挖出来的，再用铜凿子一块块削成固定大小。据估计，古埃及人挖掘了大约一万吨铜矿，制造出三十万把铜凿子。这是空前的成就。

少了金属工具，法老就算召集再多奴隶也盖不出金字塔。铜凿子因为硬度不够，并不适合凿切岩石，拿来敲打石灰石很快就会变钝，这使得金字塔更加了不起。专家估计，铜凿子每敲几下就得重新磨利才能继续使用。铜不适合做剃须刀也是同样的道理。

金也是硬度较低的金属，因此戒指很少用纯金制作，否则很快会刮坏。但我们只要加入百分之几的其他金属（例如银或铜）形成合金，就会改变金的颜色：银会让金变白，铜会让金变红。不仅如此，形成的合金还会比纯金硬，而且硬上许多。金属只要掺入少量

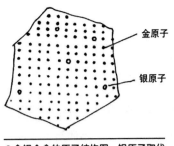

●金银合金的原子结构图，银原子取代
了晶体内的部分金原子

其他物质就会改变性质，这是研究金属的乐趣所在。

以金银合金为例，你可能好奇银原子到哪里去了。答案是，银原子就嵌在金块的晶格里，占去一个金原子的位置。正是因为银原子的取而代之，金子才会变硬。

合金通常比纯金属坚硬，原因很简单：外来原子的大小和化学性质，都跟原本的金属原子不同，因此嵌入后会扰动原本金属晶体的物理和电子结构，产生一个关键后果——让位错更难移动。位错更难移动，晶体形状就更难改变，金属也就更坚硬。因此，制造合金就成为防止位错移动的一门技艺。

在自然界中，其他晶体里也会发生原子取代。纯氧化铝晶体是透明的，但只要其中含有铁原子就会变成蓝色，也就成为蓝宝石。同理，纯氧化铝晶体包含了铬原子就会变成红色，成为红宝石。

从黄铜时代、青铜时代到铁器时代，在文明不断发展中，合金也越来越坚硬。黄铜很软，属于天然矿产，而且容易熔冶。青铜比黄铜坚硬许多，是铜的合金，含有少量的锡，偶尔还包括砷。因此，如果手上有黄铜又知道方法，只需要费一点功夫就能做出强度和硬度都比黄铜高十倍的武器和剃刀。唯一的麻烦是锡和砷非常稀有。青铜时代的人开发了许多精心找出的贸易路线，从康瓦尔和阿富汗等地运送锡矿到中东各文明的中心，就是为了这个目的。

钢是谜样物质

我告诉布莱恩，现代剃刀也是合金制成的，而且是一种非常特别的合金，我们的祖先花了几千年还是不了解它——它就是钢。钢是加了碳的铁，比青铜还硬，而且成分一点也不稀有。几乎每块岩石都含铁，而炭更是生火的燃料。我们的祖先不知道钢是合金，更不知道以木炭形式出现的碳，不只是加热和锻造铁的燃料，还能嵌入铁晶体里。炭在加热黄铜时不会产生这种现象，加热锡和青铜时也不会，只有对铁会如此。我们的祖先一定觉得这种现象非常神秘，我们也是在学会了量子力学后，才明白背后的道理。钢里的碳原子并未取代晶格内的铁原子，而是挤在铁原子之间，把晶体拉长。

还有一个麻烦：要是铁里掺了太多碳，例如比例达到百分之四而非百分之一，形成的钢就会极为易碎，根本无法用来制作工具和武器。这会是很大的麻烦，因为火里的含碳量通常不低，铁加热太久甚至液化后，晶体内就会掺入大量的碳，形成易碎的合金。高碳钢制成的刀剑在战斗中很容易折断。

一直到20世纪，人类在彻底掌握合金形成的原理后，才明白为什么有些炼钢法行得通，有些不行。过去的人只能靠着不断试错，找出成功的炼钢法，然后代代相传，而且这些方法往往是行内机密。但这些不外传的方法实在太过复杂，因此就算遭到窃取，成功复制的概率也非常低。某些地区的冶金技术非常闻名，可以制造出高质量的钢，当地文明也因而发达。

钢铁是珍贵的军事力量

　　1961年，牛津大学的里士满（Ian Richmond）教授发现了一处古罗马坑洞。这坑洞大约是公元89年挖掘的，里头埋了763 840根两英寸（1英寸约合2.54厘米）长的小钉子、85 128根中钉子、25 088根大钉子和1344根16英寸长的超大钉子。所有的钉子都是由铁和钢制成的，而不是纯金。大多数人应该都对此蛮失望的，但里士满教授并不会，他一心追问："古罗马军团为什么要掩埋7吨的钢和铁？"

　　古罗马军团当时在苏格兰一处名叫英赫图梯（Inchtuthil）的地方，驻扎在阿古利可拉将军建筑的前进碉堡里。英赫图梯位于古罗马帝国的边界，军团的任务是捍卫边疆，不让被他们视为蛮夷的凯尔特人进犯。

　　这支军团在当地驻扎了6年才撤离，同时遗弃了碉堡。撤退前，他们想方设法不留下任何有利于敌人的东西，因此销毁了所有粮食和饮水容器，还放火把碉堡夷为平地。但他们还不满意，因为碉堡灰烬中有铁钉残留。铁钉太过珍贵，不能让凯尔特人挖走。古罗马就是靠着铁和钢打造了灌溉渠道、船只与刀剑，从而建立了帝国。把铁钉留给敌人，等于奉送对方武器，因此他们在南撤之前挖了一个大坑，把铁钉都埋起来。除了武器和盔甲，他们可能还带走了一些小铁器，包括代表古罗马文明巅峰的"诺瓦齐力"（novacili），也就是剃刀。靠着诺瓦齐力和手握剃刀的理发师，这群古罗马军人得以仪容整齐、不带胡髭地班师回朝，不跟他们赶走的蛮族混为一谈。

　　炼钢有如谜团难以把握，许多传奇因之而起，而不列颠在古罗马军团撤退后的统一及复兴，更与其中一则永恒传奇脱不了关系，那就是亚瑟王的王者之剑。据传那把剑具有魔力，谁拥有它就能统治不列颠。由于当时的刀剑经常折断，让武士在战场上因手无寸铁而无法自卫，所以我们不难理解一把高品质的钢剑为何能成为文明战胜野蛮的象征。因此，炼钢过程当然高度仪式化，而这也解释了古人为何觉得钢铁具有魔力。

这情况在日本最为明显。铸造武士刀不仅需要数星期的时间，而且是一种虔诚的仪式。天丛云剑是日本名剑，武尊倭建命靠着它呼风唤雨，击败敌人。虽然故事中掺杂了许多幻想故事与仪式，但某些刀剑能比其他武器更硬、更锋利十倍，却不是神话而是事实。15世纪时，日本武士制作的钢刃已经独步全球，而且称霸世界五百多年，直到20世纪冶金科学大幅跃进才被超越。

武士刀完成不可能的任务

武士刀使用的特殊钢材称为玉钢，是由太平洋火山铁砂制成的。这些铁砂的主要成分为磁铁矿，是制作指南针的材料。炼造玉钢的土炉称为"吹炉"，宽、高各1.2米，长3.6米。首先在吹炉里"点火"，让黏土变硬，成为陶瓷，接着再仔细铺上数层铁砂和黑炭，让它们在吹炉里焖烧。整个过程大约费时一周，需要四到五人轮流照看，并用风箱把空气灌入炉内，确保炉火温度够高。最后工匠会把瓷炉敲碎，从灰烬和残余的铁砂及炭屑中取出玉钢。这些钢料的颜色晦暗，非常粗糙，但特点是含碳量的范围很广，有些很低，有些很高。

日本武士工匠的创新之处在于有能力分辨高碳钢和低碳钢，前者硬而易碎，后者软而强韧。工匠完全凭借外观、触感和撞击时的声音来判断两者。一旦分类完成，他们就用低碳钢制作刀身，让刀非常强韧，甚至有弹性，在打斗中不会轻易折断。至于刀锋则使用高碳钢来制造，它虽然易碎但非常坚硬，因此可以磨得极为锐利。

●日本武士刀

工匠用锐利的高碳钢包覆强韧的低碳钢，以此完成了许多人眼中不可能完成的任务。制作出的武士刀，经得起与其他刀剑对砍、耐得住和盔甲碰撞，且常保锋利，能轻松斩人首级。这种武士刀是两全其美的最佳武器。

人类直到工业革命，才有能力制造出比武士刀更强且更硬的钢料。这一回轮到欧洲国家开始进行更大、更夸张的工程，例如建造铁路、桥梁和舰船，而他们使用的材料是铸铁，因为铸铁可以大量制造，并可以使用模具铸形。只可惜铸铁在某些状况下非常容易破裂。由于工程越来越宏大，因此破裂意外越来越频繁。

最严重的一次意外发生在苏格兰。1879年12月28日晚上，全球最长的铁道桥——泰河桥突然被冬季强风吹垮，致使载有75名乘客的客运火车坠入泰河，所有人都不幸罹难。这场灾难证实了许多人先前的疑虑——铸铁不适合兴建桥梁。人们不仅需要做出和武士刀一样强韧的钢材，而且这种钢材必须能大量制造。

贝塞麦法掀起工业革命

英国科学促进会在某日开会时，一位名叫贝塞麦（Henry Bessemer）的工程师起身发言，说他做到了前述的要求。这位来自谢菲尔德郡的工程师宣称，他可以制造钢水，而且方法不像制作日本武士刀那么复杂。一场革命就此蓄势待发。

贝塞麦法非常简单，简直天才到了极点。他把空气灌入熔铁，让空气中的氧和铁里的碳发生化学反应形成二氧化碳，以此把碳带走。这种方法需要有化学知识才能想得到，这使得炼钢头一次成为科学事业。此外，氧和碳的化学反应非常剧烈，会释出大量热能，让炉内温度升高，使钢保持滚烫并呈现液态。这套方法直截了当又可以工业量产，正是我们想要的答案。

贝塞麦法只有一个问题，就是它不管用，至少试过的人都这么说。气愤的钢铁制造商很快开始嚷着退钱，他们向贝塞麦买下使用权，投下大笔资金购买设备，结果血本无归。

贝塞麦毫无办法。他其实也搞不清楚他的方法为何有时管用，有时无效。不过他还是继续尝试，并且在英国冶金家马希特（Robert Forester Mushet）的协助下努力改良他的方法。贝塞麦的原始步骤是移除碳到残留量正确为止，也就是剩下大约百分之一的碳。但这个做法很危险，因为每家炼钢厂购买的铁矿来源不同。因此，马希特建议先移除全部的碳，然后再把百分之一的碳掺回。这方法管用了，而且可以再现。

贝塞麦试着推销他的新方法，然而钢铁制造商这回完全不理他，以为这又是骗局一场。他们坚称不可能用铁水炼钢，宣称贝塞麦是大骗子。贝塞麦最后别无选择，只好自己开设炼钢厂。几年后，贝塞麦钢铁公司制造出的钢铁比竞争对手便宜许多，产量更是惊人，逼得对手只好向他购买使用权。从此，贝塞麦富甲一方，机器时代也自此正式到来。

布莱恩会是贝塞麦第二吗？他会不会碰巧发现了一个可以运用磁场或电场重组刀锋晶体结构的方法，虽然他不知其所以然，但却非常管用呢？毕竟我们听过太多嘲笑先知，结果却自取其辱的故事。许多人都嘲笑说："比空气重的机器怎么可能在天上飞？"但我们现在都搭飞机到处跑。电视、手机和计算机的构想也都曾遭人奚落。

不再夜夜磨刀

20世纪之前，钢刃和手术刀都非常昂贵，必须手工制作，而且要用最高级的钢材，因为只有如此才能把刀磨得够锋利，轻松刮净胡子而不会勾到胡根。曾用过钝掉的剃须刀的人，就一定知道即使只是微微勾到胡根，也会造成很大的痛楚。钢接触到空气和水会锈蚀，因此用水清洁刀锋会让锐利的尖端锈掉，使刀刃变钝。几千年来，刮胡子的仪式都是从"磨刀"开始的，先拿着剃刀在皮革上来回磨动。你可能觉得皮革那么软，不可能把刀磨利。没错，真正把刀磨利的是沾在皮革上的细石粉。传统上是用名为"铁丹"的氧化铁矿物，但现在比较常用钻石粉。把钢制刀刃在皮革上来回磨动时，刀锋会和极硬的钻石粉接触，使得少量金属被磨掉，让刀锋重现锋利。

然而，1903年有一个人改变了这一切，他姓吉列（King Camp Gillette），是美国商人。吉列决定采用贝塞麦法制造的廉价工业用钢来制作抛弃式刀刃，好让每个男人都能轻松刮胡子。他的想法是，只要剃须刀够便宜，钝了直接扔掉，就再也不必磨刀了。

1903年，吉列卖出了51把剃须刀和168枚刀片，隔年变为90 884把剃须刀和123 648枚刀片。到了1915年，他的公司已经在美国、加拿大、英格兰、法国和德国设厂，售出的刀片超过7000万枚。一旦男人不再需要到理发馆刮胡子，抛弃式刀片就成了家家浴室必备的物品，直到现在依然如此。

尽管目前有许多人发起各项运动，鼓吹食品制造回归根本，却从来没有人呼吁我们，重新用黄铜剪刀理发或用钝掉的刀片刮胡子。

误打误撞不锈钢

吉列的生意算盘打得很好，原因很多。最明显的一个就是，即使刀片没有因为刮胡子而变钝，也会由于生锈而很快失去锋利，这样他永远有生意可做。但这个故事还有一个转折，其中包含了一个简单到极点的创新，非得靠意外才能发现。

1913年，欧洲列强忙着整军经武面对第一次世界大战，布雷尔利（Harry Brearley）受雇钻研合金，以便改良枪管。他在英国谢菲尔德一间冶金实验室工作，把不同的元素掺入钢里来模铸枪管，再用机械测试硬度。布雷尔利知道钢是碳和铁的合金，也晓得还有许多元素也能加进铁里，用来加强或减弱铁的性质，但没有人知道原因为何。于是，他开始尝试，把铁熔解后加入各种成分，以观察效果。比方说，他某一天用铝来试验，隔天就用镍，以此类推。

布雷尔利毫无进展。新铸的枪管如果不够硬，他就扔到角落。他的灵光乍现发生在一个月后。那天，他经过实验室，发现那堆生锈的枪管里有东西在闪闪发亮。他没有置之不理，反而打消去酒吧的念头，找出那根没生锈的枪管，立刻明白了它的重要性。他手上拿的是世界上第一块不锈钢。

布雷尔利掺入的两种成分是碳和铬，因为比例刚好，意外创造出非常特别的晶体结构，让碳原子和铬原子同时嵌入铁晶体内。铬没有让铁变硬，所以他把掺铬的枪管扔了，但他没想到铬产生的效用更有趣。钢接触到空气和水时，通常会在表面发生化学反应，形成氧化铁，也就是俗称铁锈的红色矿物质。铁锈剥落后，新的钢面又会受空气和水侵蚀，使得生锈成为钢铁的痼疾，因此铁桥和车子才要上漆防锈。但掺了铬就不同了。铬很像某些特别有礼貌的客人，氧气还没碰到主人铁原子，铬就抢着先跟它反应形成氧化铬。氧化铬是透明坚硬的矿物质，对铁的附着力极强。换句话说，它不会剥落，从外表又看不见，有如一道隐形的化学保护膜把钢铁完全包住。除此之外，我们现在还知道这层膜会自我修复，也就是说，即使不锈钢的表面被磨到了，保护膜遭到破坏，它也会自行复原。

布雷尔利开始制作全世界第一把不锈钢刀，但立刻遇到困难。含铬的钢不够坚硬，无法磨利，很快就被戏称为"什么都不能切的刀"。毕竟布雷尔利一开始舍弃了它，没拿它来做枪管，就是因为它不够硬。但含铬的钢虽然硬度不足，却让它因此具备别的长处，只不过这长处很久之后才有人发掘，那就是它可以扳成复杂的形状。这让它成为英国雕塑史上最具影响力的作品，几乎遍布所有家庭——那就是厨房的水槽。

不锈钢水槽既强韧又闪亮，而且似乎丢什么给它都无妨。在这个但求以迅速方便的方法来去除废弃物和脏污的年代，不管丢入的是油脂、漂白水还是强酸，不锈钢真的"百毒不侵"。它已经把陶瓷水槽赶出厨房，而只要我们点头，它也乐于取代浴室里的陶瓷马桶。只不过我们对这种新材质还不够信任，仍不敢把最私密的废弃物交给它。

不锈钢是现代世界的缩影。它的外表干净明亮，感觉坚不可摧却又非常亲民，才出现短短一百年，就已经成为我们最熟悉的金属。毕竟我们每天都会把它放到嘴里——布雷尔利最后用不锈钢做成了餐具。氧化铬在铁的表面形成的透明保护膜，让舌头永远碰不到

铁，唾液无法跟金属反应，使得汤匙尝起来没有味道，于是，人类从此再也不会受到餐具味道的干扰。不锈钢经常出现在建筑和艺术里，原因是它光亮的表面似乎永不褪色。英国雕塑家安尼施·卡普尔（Anish Kapoor）在芝加哥千禧公园的作品《云门》就是绝佳的例子。不锈钢反映了我们对现代生活的感受：利落明快，并且能对抗肮脏、污秽与混乱。不锈钢反映出，我们如它一般强韧不屈。

冶金家为了解决不锈钢刀具的硬度问题，误打误撞解决了剃刀生锈的毛病，创造出有史以来最锋利的刀刃，进而改变了无数人的面容与肌肤。只是刮胡子成为在家也能做的事情后，街头混混也意外地多了一种新武器，就是便宜耐用的刀片，它非常锋利，能够一口气划破皮革、羊毛、棉布和皮肤。关于这点，我比谁都要清楚……

我一边想着这些，一边跟布莱恩谈论他新发明的不锈钢刀片磨刀法。既然坚硬强韧、尖锐锋利，无惧水和空气侵蚀的不锈钢，也是从几千年的尝试错误中创造出来的，那么某个没有科学背景的家伙，无意间发现磨利刀片的新方法也就似乎不无可能了。微观下的物质世界如此复杂和巨大，我们只探索了其中一小部分。

　　那天晚上离开酒吧时，布莱恩和我握手道别，说他会再跟我联络。在昏黄的钠光路灯下，他一拐一拐地走在街上，忽然转身醉醺醺地大吼："不锈钢大神万岁！"我想布莱恩指的是希腊神祇赫菲斯托斯。他掌管金属、火与火山，形象是工房里的铁匠。赫菲斯托斯身体残缺畸形，原因可能是砷中毒，因为当时的铁匠熔炼青铜时，会接触到大量的砷，所以常有这个毛病，而且除了跛脚还会罹患皮肤癌。我回头望着布莱恩摇摇晃晃地走在街上，想起他的拐杖和红脸，不禁怀疑他到底是谁。

第二章　值得信赖的纸

　　纸在我们日常生活中太普遍了，让人很容易忘记在人类历史上大多数的时候，纸都是稀有的奢侈品。我们早晨醒来睁眼就会看见墙上有纸，也许是海报或印刷品，甚至就是壁纸。我们走进卫生间执行晨间的例行公事，通常会用上几张卫生纸。这东西要是没了，我们立刻就会陷入大危机。我们走到厨房，纸以五颜六色的盒子出现在这里，不仅装着我们早餐吃的燕麦片，还充当响板，哼着快乐的早安曲。我们的果汁也装在上蜡的纸盒里，牛奶亦然。茶叶装在纸袋里，这样才能用热水冲浸，而且容易从热水中取出。过滤咖啡用的也是纸。

早餐过后，我们或许会出门迈向世界，但此时很少不带着纸做的钞票、笔记、书本和杂志。就算没有带纸出门，我们也很快会拿到纸做的车票、报纸、零食包装，还有买东西的发票。大多数人的工作都会用到大量的纸，虽然一直有人提倡无纸运动，可是从来没有形成风潮，而只要我们还信赖纸张，拿它来储藏信息，无纸环境就没有实现的一天。

午餐会用到纸巾，少了它，个人卫生就会严重恶化。商店里到处都是纸标签，少了它，我们就不知道自己买了什么、价格多少。我们买的东西通常都会装在纸袋里，让我们轻松带回家。到家后，我们有时会用包装纸把买来的东西包好当成生日礼物，附上一张纸做的生日卡片，并用纸做的信封装好。在派对上拍了照，我们偶尔会用相纸冲印出来，创造可留存的回忆。上床前，我们会读读书、擤擤鼻子，最后再上一次厕所，跟卫生纸肌肤相亲互道"晚安"，然后沉入梦乡（搞不好会做噩梦，梦到世界上突然没有纸了）。所以，纸这东西我们现在习以为常，但它到底是什么呢？

化身为笔记纸

虽然笔记纸看起来平整、光滑、毫无缝隙，不过这只是假象。纸其实是由一大群极微小的纤维压叠而成的，就像干草堆那样。我们感觉不到它的复杂结构,是因为纸在微尺度下加工过,所以触感上摸不出来。我们觉得纸很光滑,就和我们从太空中看地球觉得地球很圆,近看才发现满是山峦谷地一样。

　　大多数的纸张都来自树木。树能昂扬挺立,靠的是纤维素。这是用显微镜才看得见的细小纤维。纤维素凭借称为"木质素"的有机黏着剂相互接合,形成极为坚硬强韧的复合体,可以留存数百年。要把木质素去除,萃取出纤维素并不容易,感觉很像拔掉黏在头发上的口香糖。这个程序称为"去木质素",是把木材压成碎片再掺入多种化学物质,然后用高温高压烹煮,以打断木质素内的键结,释出纤维素。这个程序一旦完成,剩下的纤维就称为"木浆",也就是液态木材,在显微镜底下看起来,有点像泡在稀薄酱料里的意大

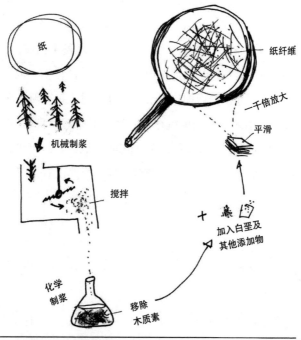

●我在笔记本上画的制纸基本流程草图

利面。

把木浆放在平坦的表面上晾干，我们就会得到纸张。

初步完成的纸是棕色的，而且非常粗糙。要让它变得白皙光滑，我们需要使用化学漂白剂，并加入细致的白粉，例如被称为"白垩"的碳酸钙。接着还要加上其他涂料，以防墨水一沾到纸就渗进纤维里晕开。理想的结果是，墨水应该在稍微渗入纸面后随即干涸，让有色分子固定在笔记纸的纤维网络里，留下永久的痕迹。

书写纸的重要性难以估计。制纸技术已经有两千年之久，复杂的制纸过程必然要从我们眼前消失不见。因为唯有如此，我们才不会被纸张的微观精妙所震撼吸引，而只会看到一张白纸，等着让我们在上头记下心中的所思所想。

保存记录

第二次世界大战爆发时，我祖父在德国。我小时候最爱听他讲当时的经历，但如今他已不在人世，只剩下一些手稿与文件能诉说往事了。亲手掌握史料的感觉非常特别，例如我手上这封祖父写给英国内政部的信。他担心德国入侵，因此写信希望能让我父亲尽快离开比利时。

纸放久了会变黄有两个原因。如果是用廉价的低阶机械纸浆制成的纸，则里头仍带有一些木质素。木质素遇到光会和氧发生化学作用，形成发色基，也就是颜色载体，只要浓度增加就会让纸发黄。这种纸通常用来制造廉价的抛弃式纸制品，报纸受光照射后会迅速泛黄就是这个道理。

以前的人经常会在纸上涂抹一层硫酸铝，好让纸更光滑。硫酸铝的主要用途是净水，但在制纸过程中使用却会形成酸性，导致纸

J. S. MIODOWNIK

11, Bonython Road,
Newquay (Cornwall).
11th November, 1939.

T.L.Horabin Esq.,M.P.
18,Lawrence Road,
South Norwood,
London,S.E.25.

Dear Mr.Horabin,
       I have the honour to hand you copies of my application dated 22nd August,1939,and of my letter dated 8th November,1939,giving particulars referring the case I submitted to the Home Office,and I should be very obliged if you would let me know whether you could urge the Department's decision. I would not trouble you,but the situation in Belgium seemed to become more precarious every day,and my wife and I are very anxious to be joined with our son who,aged nine years,could be brought over from Brussels to this country by a friend just travelling the same route.
       Therefore we should be extremely obliged if you could make it possible to help us in reaching a decision at an early date.
       Thanking you in advance for your trouble and kindness and anxiously awaiting your esteemed reply,

       Yours sincerely,

       Ismar Miodownik

●第二次世界大战爆发后，我祖父伊斯玛·米奥多尼克写给英国内政部的信件副本

纤维和氢离子反应，使纸张发黄，并且让纸更脆弱。19世纪和20世纪有大量的书是用这种"酸纸"制成的，这类书在书店和图书馆里很容易认出来，只要看纸呈浅黄色就知道了。其实就连无酸纸也会老化泛黄，只是速度较慢罢了。

纸的老化还会生成数种容易挥发的有机分子，让古书和旧纸发出味道。目前，图书馆会主动研究这些味道背后的化学成因，看能不能用这些知识来监控、保护大量的藏书。虽然书的味道代表朽坏，但是许多人觉得这气味相当好闻。

纸会泛黄和分解很令人困扰，但就和其他古物一样，岁月的痕迹也为纸添加了权威与力量。旧纸张的味道、色泽与触感让人一下子就能回到往昔，于是，旧纸也成为通向过去世界的大道。

印成相纸

我祖父为了儿子向英国内政部请愿，结果成功了。右图就是他的成果：我父亲的德国身份证。1939年12月4日，我父亲离开布鲁塞尔时，移民局官员在他的身份证上盖了戳印。我父亲当时才9岁，照片里的他似乎一点也没发现大难将至。隔年5月，德国入侵比利时。

相纸对人类文化影响深远，作用难以估计。它提供了一种可标准化的

身份认证方式，成为辨认我们容貌的最终依据，甚至能定义我们到底是谁。照片的独断权威来自它（看似）大公无私的特质，而这要归功于它捕捉影像的方式。这个方式能成功又是因为纸：反射光和纸里的化学物质反应，自动记下你脸庞的亮部与暗影，使得形成的影像毫无偏私。

我父亲的这张黑白照片原本只是一张白纸，上头涂了一层细致的凝胶，成分为溴化银和氯化银分子。1939年，从我父亲身上反射的光穿过相机镜头落在相纸上，把溴化银和氯化银分子变成微小的银结晶，在相纸上形成灰斑。倘若这时把相纸移出相机外，我父亲的影像会消失不见。这是因为原本没有影像的白色区域会大量曝光，并立刻发生反应，相纸会全部黑掉。为了预防这一点，照片要在暗房里用化学药剂"定影"，把未反应的卤化银从相纸上洗掉。再经过烘干和处理后，我父亲的影像就此定形，让他（而不是其他男孩）顺利躲过集中营的厄运。

我父亲依然健在，尚能亲口叙述这段往事，但终有一天只会剩

下这张照片供我们回忆那段时光。这张照片是一则看得见、摸得着的历史片段，记录着我们共同的回忆。当然，照片不是毫无偏颇的，但回忆也好不到哪里。

印制成书

口传文化靠故事、诗歌与学徒制传递知识，书写文化则以文字为主。由于缺乏合适的书写媒介，因此口传文化演变为书写文化的时间推迟了数百年。我们的老祖先曾经用过石板和泥板，但石板和泥板容易断裂，而且笨重不易携带；木板一掰就断，而且在不少状况下会剥蚀朽烂；壁画无法携带，而且受空间限制。造纸术是中国的四大发明之一，它的出现解决了所有问题。但一直要到罗马人舍弃卷轴改用抄本，即现在称为"书"的东西，纸的潜能才彻底发挥。

●纸成就了图书的物质形态

转眼两千多年过去，白纸黑字依然是人类书写的主要方式。

纸比石头或木材柔软得多，它能成为书写文字的守护者是材料史上值得一书的大事。事实证明，纸张的薄是它胜出的一大关键，因为薄，纸有可塑性，可以多次加工，但堆叠成书后又非常坚硬和强韧，根本就是改良版的木简和木牍。只要加上硬壳封面，书就成为文字的碉堡，可以守护文字几千年。

罗马"抄本"是把成沓的纸以单一书脊装订成册，再加装前后封面。这种做法胜过卷轴之处，在于纸的正反两面都能写字，可以逐页阅读不会中断。有些地区则采用屏风装订，把一张纸反复折叠成册，也有同样的好处。不过，抄本的长处在于它是单页集合成册的，可以把一本书拆给多位抄写员同时作业。印刷术发明之后，人类更是能同时大量制作某一本书。生物学已经告诉我们，保存信息最有效的方法就是快速复制。

据说《圣经》是第一本以这种方式制作的书。抄本非常适合基督教的传道者，因为他们可以直接用页码在抄本上标注相关段落，不必费劲看完整个卷轴。抄本是数字时代之前的"随取记忆"，甚至永远不会被数码媒介取代。

变身为包装纸

纸不仅方便保存信息，而且还善于化为物品的外包装，把东西掩藏其中。有什么比包装纸更能创造兴奋和期待感？少了它，生日派对真不知道会乏味多少！我收过用布包装的礼物，还有人把礼物藏在柜子里，但都比不上包装纸的魅力。

少了包装纸的礼物就不是礼物了。包装纸把东西先藏再露，成就了赠送的仪式，让物品摇身变为礼物。是纸的基本特性使它成为

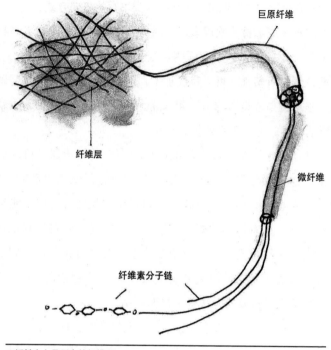

巨原纤维

纤维层

微纤维

纤维素分子链

● 纸基本上是压实的纤维层

最合适的材料，而不只是因为文化和习俗。

　　纸有非常适合凹折与弯曲的力学构造。大力折纸会让该部位的纤维素纤维断裂，产生永久的弯折，但仍有足够的纤维没有受损，使得纸张不至于撕开或断裂。这种情况下，纸其实还是很难撕裂的，但只要折痕边稍有破口，出现小小的施力点，很容易就能沿着折痕轻松撕开。这两项特点让纸可以凹折成任何形状，几乎没有其他材料可以媲美，也促成了折纸艺术的出现。金属箔膜可以折出折痕，但不是很好弄；塑胶板除非够软，否则无法保持折痕，但太软了又会失去包装东西所需的刚性，无法定形。正是由于纸能维持弯折又可以定形，它成为包装礼物的完美选择。

　　用纸包装礼物利落又光鲜，凸显了礼物的崭新与价值。它够强韧，能在运送途中保护礼物；又够好撕，连小宝宝也扯得开。撕开包装纸的那一刻，礼物瞬间从秘密变成了惊喜。拆礼物就和出生一样，让东西有了新的生命。

以收据或发票呈现

这是2011年我儿子拉兹洛出生前三天，我去马莎百货购物后拿到的发票。我老婆露比这一胎怀得很辛苦。她怀孕时很想喝啤酒却不能喝，所以逼我替她喝。有时，她实在太想喝了，我一晚上就得干掉三罐啤酒（附图的发票就是证明），而且我每喝一口，她都会在旁边满脸渴望又怨怼地瞪着我。

拉兹洛几乎要提早两周出生，但不晓得为什么，生产时就是不肯从娘胎里出来。我们在医院撑了24个小时，结果还是被请回家，院方建议露比吃一点热咖喱让拉兹洛早点出来。两周后，每天晚上都买咖喱已经让我们有点腻了。我记得我们最喜欢印度羊肉咖喱，那天晚上又是点它。我们的想法是吃辣可能会让拉兹洛难受，决定早点出生，但我觉得猛吃同样的菜其实苦的是我和露比。对了，拉兹洛现在两岁，很爱吃辣。

虽然这张发票唤起了一段不太舒服的往事，但我还是很高兴留着它，因为它捕捉了照片甚至日记都无法保留的另一种亲密感。少了这张发票，这些日常

生活中看似琐碎的细节就可能消失无踪。可惜等不到小拉兹洛长大自己来读它，发票已经开始褪色了。这是因为热敏纸上的字不是用墨水印出来的，而是由纸上预涂的酸剂和"无色"染料作用得来的，只要纸张受热，酸和无色染料就会发生反应，使染料变黑。有了这项精巧的纸张设计，机器就永远不会断墨。不过，变黑的染料放久了又会回复透明，使字迹变淡，湮灭掉我们曾经餐餐以咖喱配啤酒的证据。尽管如此，马莎百货还是好心地建议我们"请保存发票"，而我也乖乖照办了。

灵感来源的信封

　　有时，你在咖啡馆里或公交车上会突然灵光一闪，需要马上写成方程式，而且必须赶紧记下来，免得忘掉。但要写在哪儿呢？你

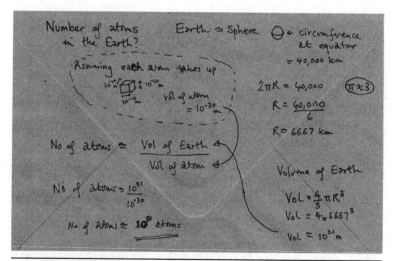

●我在信封背面估算地球总原子数，得到的数字是2后面接50个零。这个答案为"数量级"正确

不在书桌前，也没有带笔记本。你翻遍口袋希望找到纸，结果摸到一封信。也许是电费账单，但没关系，信封背面的空白很多，够你写了。于是，你开始奋笔疾书，跟过去无数伟大的科学家和工程师一样，把信封背面化为记录灵感的殿堂。

物理学家恩里科·费米（Enrico Fermi）只用信封背面的小空白处就解决了几大科学难题，不仅让他声名大噪，而且让他的算法成为一种标准。这种算法叫作"数量级"计算。对科学家而言，这就好比是诗人的俳句。它不追求精确答案，而仅在乎是否简单易懂，能不能凭在公交车上获得的信息，来回答关于世界的基本问题。这种答案必须"数量级"正确，也就是顶多差个两三倍（精确数字最小为数量级答案的三分之一，最大为三倍，不能超过这个上下限）。数量级计算虽然只是近似值，费米和其他科学家却以此来证明一个矛盾：宇宙的恒星和行星数量庞大，照理来说会有外星人存在，因此应该不难遇见；但既然我们到现在都没遇到过外星人，而星体数量这么大，那么正好显示外星人存在的概率有多小。

我小时候很迷科学家在信封背面解决宇宙问题的故事，因此也会带旧信封到学校，在背面练习解题。这有点像心灵的武术，只需要纸和笔就可练功，不仅有助于厘清思绪，而且让我考试过关。我后来申请牛津大学物理系，入学测验的第一题就是："试估计地球的总原子数。"我看到这道题就笑了，这是标准的信封背面题。我已经不记得自己当时是如何解题的，但前页图是我最近做的计算。

不可或缺的卫生纸

我们明明已经有更卫生、更有效的方法处理擦屁股这件超级肮脏的事，却还在用卫生纸，真让我觉得很不可思议。

使用卫生纸其实后遗症不少。首先，根据《国家地理》杂志

●卫生纸的化学式，这种纸几乎完全由纤维素纤维组成

的报道，为了供应地球上所有人的擦屁股所需，每天需要砍伐两万七千棵树。而且卫生纸只会使用一次，用过即丢，流落排水沟对树木来说似乎不是什么光彩的结局。但还有更惨的，就是卫生纸卡在马桶里。我去纽约曼哈顿拜访我哥哥，借住在他的34楼公寓时就发生过这种事。

你到某人的家中做客，结果大便卡在马桶里冲不走，实在是很恐怖的事。我的大便就是这样，于是，我扔了几张卫生纸把它盖住。我当时就觉得这是个烂主意，但还是忍不住这样做。我们全家到曼哈顿过圣诞节，不知道还要用这个厕所多少次。我在厕所里犹豫不决，不知如何是好，最后决定再冲一次水。水果然越升越高，我也越来越慌，最后我担心的时刻终于到了。水淹过了马桶边缘，流到厕所地板上。我哥哥住的楼层很高，更会雪上加霜。我想象污水管里的粪便已经漫到34楼，正等着灌进这间华丽又摩登的房子。这么想很离谱，但谁看到大便漫出来都会疯掉。粪便和卫生纸在厕所地板上漂着，朝我站着的瓷砖游来。

我哥哥把我关在厕所，里头早已和水沟一样臭。他从门缝里塞了抹布和皮搋子给我。我花了几个小时才把厕所清理完毕，感觉却像清了好几天一样。从此之后，我便对其他的屁股清洗技术非常感兴趣。我相信21世纪肯定会发明新的方法解决这件人生大事，让卫生纸从此绝迹。

充满高贵气质的纸袋

我买很贵的衣服时总是特别紧张。在店里试穿时，我怎么看都不对，感觉也不自然，即使店员不停地微笑点头，我也不晓得该不该花这笔钱。但只要我决定买了，我就会得到我从小就很喜欢、从来没有腻过的报偿。

那东西原本是平的，但店员把它的底部往外一推，发出如雷贯耳的声响，原本像屏风一样折好的侧边就会挺出来，让那东西立在柜台上，有如刚破茧而出的蝴蝶，完美、自在又优雅。我突然觉得买下那件衣服是对的。这会儿，衣服已经收进那东西方方正正的凹洞里，等着让我带回家。

同样是纸做的，那东西却和卫生纸不一样，它细致又有格调，轻盈、稳固又强韧。然而，强韧只是假象。纸袋内的纤维素纤维已经和木质素分了家，不再像在树里那样，有木质素当黏合剂。虽然纸纤维在干燥时会形成很强的氢键，但仍必须用合成黏合剂。即使

如此，纸袋还是很脆弱，几乎无法防水。只要湿了，纤维就会失去氢键，因此湿纸袋很容易解体。

不过，也许正因为纸袋很脆弱，它才会这么适合这项工作。昂贵的衣服通常轻巧细致，用纸袋装回家，似乎更能加强这种感觉。而且纸有崇高的文化地位，象征着技艺与纯手工，正好符合高级服装的形象。不过，这又是另一个假象。纸袋已经是高度工业化的产品，而且对环境冲击很大，制作抛弃式纸袋比制造塑料袋还耗费能源。因此纸袋其实是一种奢侈的象征，是刻意为了庆祝你花大钱血拼而准备的，好让你进门吃力地挤进玄关时，能听到袋子扫过门框的沙沙响声。这声音轻柔又嘹亮，让你心中充满兴奋与骄傲。

光鲜亮丽的封面纸

纸的好坏，外观和触感是要件，这也是它如此好用的原因。只要表层改变，纸就能从俚俗变为正式，从古朴变为光鲜。掌控这些美学要素，是商业刊物能够赚钱的关键。

纸质的转变是尖端科学研究的热门主题。纸的亮度、平滑度和重量都已经证明，它能决定某些杂志的成败，但硬度（应该说易折度）却比较少有人提起。纸若太好折，则会让人感觉很廉价；太硬，又让人感觉高傲。纸的硬度取决于"上浆"，也就是高岭土或碳酸钙之类的细粉添加物。这些添加物有许多功能，包括降低纸张的吸水力，让墨水在表面干涸而非渗入纤维，以及调节纸的洁白度。添加物和让添加物固着在纤维上的黏合剂会形成所谓的"复合材料基质"，控制这个基质就可以决定纸的重量、强度与硬度。（混凝土是另一个复合材料实例，它也是由两种迥异的材料混合而成的，一个是充当黏合剂的水泥，一个是称为"增强物"的碎石子）

不过，讲究纸的外观与质感也不是全无问题。畅销的时尚与女性杂志要求纸必须又硬又轻，结果就是让纸的边缘薄得跟剃刀一样，变得非常锋利。通常纸会弯曲不会割人，但只要手指划过的角度刚好，手指就会被纸割伤。这种伤口特别痛，但是没人晓得为什么。可能因为通常伤的都是手指，而手指的感觉接受器密度特别高，所以比其他部位的割伤还痛。当然，就算遭割伤也是值得的，至少每周必买亮面杂志的那几百万人应该是这么想的。

化身带我去远方的车票

纸越厚就越硬、越没有可塑性，最后甚至能撑住自己不往下弯。这种纸在我们的生活中另有用途，例如旅行的凭证：全世界的公交车、火车与飞机票都是用名为"纸板"的厚纸做的。

人类的交通工具都是硬邦邦的。或许正是这个原因使得硬实的纸板很适合作为交通票券。软趴趴的车子不仅少见，而且无法发挥功用，因为车的底盘如果不够刚硬，车行驶时的高应力就会扭曲传

●我搭火车去布巴内斯瓦时买的火车票。

我1989年到印度旅行，同行的有艾玛·威斯雷克和杰奇·希斯

动装置。同理，火车太软容易出轨，飞机机翼若承受不了自身重量而弯曲，就无法产生升力。因此，无论火车、飞机或汽车，对刚性的要求都近乎执着。

除了硬度，纸板的刚性与强度也让车票多了几分权威感。毕竟车票也算是通行用的临时护照。近年来，车票需要经过人和机器的检查，因此必须够硬才能防止在开票、塞进口袋、收进或拿出皮夹时窝到或压皱。

旅游的世界由坚固的机器所主宰，而车票忠实地反映了这一点。有趣的是，车子和航空器越来越轻、越来越有效率，车票也跟着越来越薄，甚至很快就会消失，融入数字世界。

钞票是另类的纸

纸钞是纸张最诱人的形式。人生在世，很少有比在墙上的凹洞按几个数字，就能拿到花花绿绿的新钞更快乐的事了。它就像通行证，有了它什么事都能做，什么地方都能去，这样的自由令人上瘾。

钞票也是世上制作最繁复的纸，而且必须如此，因为钞票是实体的信物，代表着我们对经济体系的信任。

为了防止伪造，纸钞有几项绝活。首先，它使用的材料和一般用纸不同，不是木质纤维素，而是纯棉。棉不仅能让钞票更强韧，不怕在雨中或洗衣机里分解，而且改变了钞票的声音。清脆声是纸钞最明显的特征之一。

这也是最好的防伪措施，因为棉质纸很难伪造。自动提款机会侦测棉质纸的独特质感，人对这种材质也很敏感。如果不确定是不是伪钞，则有一个简单的化学方法可以测试钞票是不是棉质的——那就是使用碘笔。许多商家都有这个工具。

用碘笔在木质纤维素做的纸上写字，纤维素里的淀粉会和碘作用，形成色素而变黑。用碘笔在棉质纸上写字，由于纸里不含淀粉，所以不会变色。商家会使用声音和变色这两个简单的方法来测试，以防收到彩色复印机制造出的伪钞。

不过，纸钞还有一项防伪绝活，那就是水印。水印是嵌在纸钞里的图形或图案，唯有透光时才看得见，也就是你得拿起纸钞对着光来看。虽然叫作水印，但它不是水渍，也不是墨痕，而是稍微改变棉的密度，使得纸钞的某些部分较亮、某些部分较暗，形成特殊的图形或图案。在英国，钞票上的水印是女王的头像。

纸钞目前岌岌可危，因为现在的金钱往来几乎都电子化了，只有极少比例还使用现金，而且绝大多数是小额交易，但这部分也快被电子现金取代了。

是纸又不是纸的电子纸

自从信息可以记录在纸上后，图书馆便成为储存人类集体知识与智慧最重要的宝库。图书馆的地位一直延续到不久之前。无论哪一所大学，有一座好图书馆都是学术发展的关键，而现代社会更将拥有社区图书馆视为基本人权。但数字革命大幅改变了这一切。现在任何人只要有一台计算机，就可以取得人类从古到今所有的文字

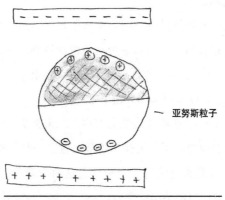

亚努斯粒子

●手持阅读装置（电子书阅读器）的电子"纸"，是使用静电态的亚努斯（Janus）粒子作为电子"墨水"

作品。不过，从实体书转移到电子书遭遇了不少阻力。主要的反弹不是来自电子书取得不易，而是人们无法放弃阅读纸本书时的感官享受。

人类工程史上常常有这种事，一项技术已经发明了好一阵子，原本一直乏人问津却突然间流行了起来。电子纸也是如此，它是使用真实墨水显示文字的平面屏幕，主要是想仿效实体书那样，使用反射光来阅读。而电子纸和真纸的差别在于可以数字调控，文字能近乎瞬间显示。要是加上计算机芯片，就能储存和显示数百万本书。

这项技术需要把墨水转变成所谓的亚努斯粒子，也就是把墨水粒子染色，一面染成黑色，另一面染成白色，然后两面各带相反的电荷，一正一反，这样电子纸上每个像素都可黑可白，只要调整电荷即可。亚努斯这个名字来自古罗马的变迁之神，他有两张脸，经常跟门户或入口的意象联结在一起。由于亚努斯粒子是实体的墨水，切换文字时粒子必须旋转，因此它无法像平板计算机或智能型手机的液晶屏幕那样瞬间显示，也就无法播放电影或其他时髦的玩意儿。不过电子纸有一种舒服的复古感，可能更适合阅读文字。

亚努斯粒子让电子书读起来很像实体书，至少文字在纸上显现的感觉很接近。电子书也许是文字的未来归宿，但不大可能完全取代实体书，因为它缺乏纸的气味、触感与声音，而阅读之所以迷人，是因为它能带来多重的感官体验。人爱书的程度甚至超过文字本身。人会用书来凸显自己是谁，以实体证明自己的价值。书架和桌上的书是一种内在行销，提醒我们自己是谁、想成为何种人物。我们是实体的存在，因此会用实体来认定和表现自己的价值也就不难理解。

我们不只喜欢阅读，也喜欢阅读时的感觉、嗅闻与碰触。

实实在在的报纸

报纸头条和冲洗出来的照片有一种特殊魔力，能让新闻事件感觉更真实，这是其他媒体做不到的。也许这是因为报纸本身就有一种无可辩驳的真实性，它是看得到也摸得着的，使得它所报道的新闻，也拥有这种确凿感。我们可以指着某则新闻，也可以摘录重点，更能剪下来钉在布告栏上、收进剪贴簿或存放在图书馆里，让新闻成为物品，冻结在时光中。事件或许早已过去，却因为刊登在报纸上而成为无可置疑的事实而永远流传——即使事件不是真的。

反观网络新闻就虚幻多了。虽然网络新闻也会留存下来，却没有实体可作为证据，向世人证明确有其事。因此，人们会感觉网络新闻很容易操弄，其上的历史记录也可以修改。不过，数字媒体的精彩之处就在于内容的实时与流动。我们这个时代不再像过去的人那样，认为历史记录是铁板一块，新闻网站也顺应了这个转变。此外，数字新闻网站理论上也比传统媒体民主许多，因为报纸需要大

量印刷和庞大的运送经销网络，包括火车、飞机、货车、店面和报摊，而在数字时代，任何人只要有一台计算机就能跟全世界互动，不需要砍倒半棵树。

报纸的式微不仅会改变国家与城市之间信息的交流方式，而且会影响生活习惯。翻报纸的窸窣声将不再是周日早晨的背景音乐，报纸将不再被垫在泥巴鞋子底下、折好放在车站长椅上、粉刷墙壁时铺在地板上或拿来包装贵重物品，也不会被揉成一团当火种或拿来丢向兄弟姊妹闹着玩。这些都不是报纸原本的用途，却是这个有用而备受喜爱的居家物品的一部分。我们一定会怀念它的。

传达蜜意的情书

虽然数字科技大军压境，但很难想象信纸会完全从人与人的沟通里消失。有些话我们只信得过纸，只想靠纸传递，而不会考虑其他媒介。没有什么比在信箱里看到爱人的来信更让人肠胃翻搅，心中七上八下，甚至心跳漏跳一拍的了。讲电话很好、很亲密，发短信或电邮够快又令人满足，但手里拿着爱人碰过的信纸，把信上的甜言蜜语收进心坎里，那才是真正的爱情。

写信是文字的沟通，却又超越文字本身。它给人一种永恒与实在，足以抚慰不安的灵魂。信可以一读再读，而且实实在在占去你生活的时间与空间。信纸就像爱人的皮肤，散发着爱人的芬芳，而爱人的字就像指纹，呈现了独一无二的她。情书不能造假，也无法剪下和贴上。

纸有什么特别之处，能让原本说不出口的话语在纸上尽情倾吐？情书唯有独处时才能写，而纸又为爱意添加了感官色彩，因为书写本身就是一种碰触、宣泄与倾吐，是窃窃私语，是絮语呢喃，是摆

Do you remember
the first cold night we met
when you were wearing a beard
and that lumpy brown cardigan
and I was in my fake leopardskin coat
and I asked you too many questions
and I wanted to impress you
because you felt so right
and you and the wine made me bold
and I said we should see each other again
I'd rehearsed it in my head
as we sat talking
and you said yes
and I walked away glowing
and grinning
and the next time I saw you
and we were at that strange party
where you talked to a man
in a bow tie
and I was coming down with flu
and we left in the freezing fog
and that Russian bar was closed
and we got the night bus
or was it a taxi
to your flat

where earlier we'd had a cocktail
and you lit a fire and made
hot toddies.
and we sat on the floor and kissed
and I stayed the night
and you lent me your Kurosawa t-shirt
and I kept my leggings on
and in the morning we met Buzz
and had coffee together
and that was the beginning
of this most precious part of my life
and every day I think to myself
how incredibly lucky I am to have met you
and how exciting our future seems
and how full of love
and possibility.

I miss you, and it's
cold, and I'm wearing
your brown cardigan.
XXX R

●我老婆写给我的信

脱了键盘字体的个人表达。墨水化为热血，要求吐露与倾诉，让思绪奔流挥洒在纸上。

　　情书也会让分手变得艰难，因为信中文字就如同合照里的影像，会永远留存在纸上，对心碎的恋人是一场酷刑，让决定分手的一方如芒在背，就算没有凸显他的移情别恋，也诉说着他的昨是今非。幸好纸是含碳的东西，对所有想要摆脱情伤的人来说，都有一个最好的方法。这方法需要的东西不多，就是一根火柴。

第三章　作为基础的混凝土

Concrete
混凝土

　　2009年春季，有一天，我出门到超市买面包，经过街角时突然发现伦敦南华克大楼不见了。这栋20世纪70年代的经典办公大楼整个被夷为平地，21层楼的摩天建筑完全消失不见。

我绞尽脑汁回想自己上次见到它是什么时候。应该是上周出门那次吧？那时，我一样是去买面包。我突然有点担心，是我老了，还是现在拆房子的效率超高？无论如何，我的自信心都受到了打击，觉得自己没那么厉害了。我一向喜欢南华克大楼，那个年代有自动门可是新潮得很。如今，它消失了，在街上留了一个洞，也在我生命里开了一个口子，伤口比我想的还要大。一切感觉都不一样了。

我走到围着那一大块空地的鲜艳围篱边，上头贴着一张告示，宣布这里即将兴建欧洲第一高楼——碎片大厦，同时附上一张尖塔形玻璃摩天大楼的照片，应该就是即将从南华克大楼的废墟中兴起、俯瞰伦敦桥车站的新建筑吧。底下的说明更预言，这栋摩天大楼将成为未来数十年伦敦的新地标。

我又气又怕。万一这栋玻璃大楼变成恐怖分子的目标怎么办？要是它跟纽约世贸双塔一样遇袭倒塌，害死我和我的老婆、孩子呢？我上谷歌地图去看，发现这栋330米高的大楼就算塌下来也不会砸到我家，我松了口气。它充其量有可能砸到附近的莎士比亚酒吧，不过我很少去那里。然而，倒塌产生的烟尘可能让人窒息而死。我嘴里一边嘀咕，一边怀着世界末日就要来了的心情到超市去买面包。

接下来几年，我常在家门口看着这栋摩天大楼缓缓升起。它让我见到许多令人震撼的景象与工程奇迹，不过更让我对混凝土了解得无比透彻。

混凝土要多久才会干

他们首先在地上挖一个大洞。这里说的"大"可是非常大。我每周执行面包采购任务时都会绕到围篱边，从观察窗盯着巨大的机器不停地掘土，越挖越深，仿佛在采矿似的。但他们掘出来的是黏

土，是泰晤士河数十万年来留下的淤泥。这些黏土曾经用来制砖、兴建房子和仓库，伦敦就是靠这些淤泥做成的一砖一瓦盖起来的。不过，碎片大厦不会用黏土盖。

　　某天，等黏土都清走了，工程人员灌了七百辆车次的混凝土到大洞里，好让地基能支撑住摩天大楼，防止这72层大楼和里面的两万人陷进淤泥中。工程人员用一层层混凝土填满那个大洞，盖好一个个地下楼层，直到大洞消失，留下混凝土砌成的地底殿堂为止。混凝土缓缓干涸，地基盖得又好又快，速度惊人。非得如此不可，因为基于经费考量，工程人员在地基完成前就已经开始兴建地上物了。

　　"你觉得混凝土要多久才干？"旁边一个出来遛狗的男士问我。我们一起站在围篱的观察窗边往工地看。"谁知道？"我撒了谎。

　　我撒谎是因为不想多聊，结果也如我所愿。撒这种谎是习惯，我生长在伦敦，总需要客气地婉拒陌生人的攀谈。何况我不晓得要是劈头就纠正他，跟他说"混凝土永远不会干，因为水是混凝土的一部分",他和他的狗会有什么反应。混凝土凝固时会和水作用,引发连锁化学反应,在混凝土内部形成复杂的微结构,因此就算里头锁住了许多水分,混凝土的外表不仅看起来干燥,而且实际上还能防水。

混凝土凝固是相当精巧的化学反应,其中的活性成分为磨碎的岩石,但不是所有石块都管用。想自制混凝土,岩石必须含有碳酸钙,而碳酸钙是石灰石的主要成分。石灰石是生物体层层埋在地底,经过数百万年地壳运动的高温高压融合而成的物质。此外,制造混凝土还需要含硅酸盐的岩石。硅酸盐是硅氧化合物,地壳将近90%由硅酸盐组成,因此某些黏土应该可用。但不能直接把这些成分磨碎混合后再加水,除非你要的是烂泥巴。为了制造会水反应的关键成分,我们必须先断开碳酸钙和硅酸盐的化学键。

要做到这一点没那么容易。碳酸钙和硅酸盐的化学键非常稳定,所以岩石很难溶解于水中,也不大会和其他物质发生反应,因此才能挺过风吹雨打屹立数百万年。关键在加热,而且是1450℃的高温。森林大火或燃烧木炭至火焰呈红色或黄色,温度也只有600℃~800℃,远不及这个高温。1450℃的火焰是亮白色的,微微泛蓝,但没有半点红色或黄色,亮度会让人看了很不舒服,甚至非常刺眼。

岩石在这样的高温下会开始分裂重组,产生一群名为"硅酸钙家族"的物质。称为"家族"是因为不同的硅酸钙含有程度不等的杂质,会影响化学反应的结果。制造混凝土需要富含铝和铁的矿石作为点石成金的材料,但比例必须正确,降温后才会形成颜色如月球表面的灰白粉末,用手去摸会感觉很像灰烬,有丝绸的滑顺感,仿佛倒退回到岩石的前身,但很快,你的手就会觉得干痒,如同遭细针戳刺。这材料非常特别,却有个无趣的名字,就叫水泥。

只要加水,水泥粉末就会迅速把水吸收,然后颜色变深,但不

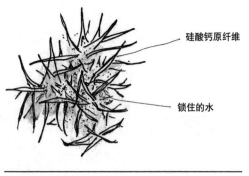

硅酸钙原纤维

锁住的水

●凝固中的水泥内部的硅酸钙原纤维增生图

会像其他加了水的岩石粉末般变成烂泥，而是产生一连串化学反应变成凝胶。凝胶是半固体状的流质，小孩爱吃的果冻就是凝胶，大多数牙膏也是。凝胶受制于内在构造，无法像液体一样随意流动。果冻胶化是因为明胶，水泥胶化则是因为水合硅酸钙原纤维。钙和硅酸分子溶解后，会形成极似有机分子的晶体结构（见上图），并且不断生长，化学反应也持续进行，使得水泥内部的凝胶不断改变。

增生的原纤维相遇后会彼此交错，形成键结锁住更多水分，直到水泥从凝胶变为坚硬的固体为止。这些原纤维不仅彼此键结，而且会抓住岩石与石块。水泥就这样成了混凝土。

工人会用水泥黏合砖块盖房子，或接合石头兴建纪念碑，不过都只涂抹在砖块或石头之间当黏合剂，用量很少。唯有混合充当砖头的碎石，变成了混凝土，水泥才能充分发挥它成为建材的潜能。

加水多少是关键

任何化学反应都一样，只要成分比例不对，结果就是一团糟。混凝土中如果加水过多，水泥里头就没有足够的硅酸钙能和水反应，

55

●地震中倒塌的房屋

水分就会残留在结构体内，使得混凝土强度减弱。但是加水太少又会让部分水泥无法和水反应，同样会削弱混凝土的强度。混凝土出问题通常是人为疏失的结果，但有时可能不会实时发现，所以常常到建筑完成多年，建筑商早就拍屁股走人后才发生巨灾。

2010年，海地遭强震，损失惨重，问题就出在房屋兴建不当和混凝土质量欠佳。据估计，当时有二十五万间房屋倒塌，三十多万人死亡，上百万人无家可归。更糟糕的是海地并非特例，全球各地都有这种混凝土"不定时炸弹"。

追查人为疏失有时很难，因为混凝土从外表看来一切都好。美国肯尼迪机场的主任工程师曾在进行例行查核时，发现中午前送来的混凝土凝固后强度足够，中午过后不久送来的混凝土强度却下降了许多。他不晓得这是怎么回事，追查了所有可能原因也找不到答案，直到他跟着水泥车到机场才恍然大悟。他发现水泥车司机在中午时通常会休息吃饭，然后用水管为混凝土加水，因为司机以为加水能让混凝土维持液态更久。

碎片大厦的工人在挖土兴建地基和支承架构时，发现了现代混凝土的前身，也就是古罗马混凝土。旧南华克大楼旁有一家我常去的炸鱼薯条店，工人拆除店面时挖到了古罗马浴池遗迹，那些混凝土就是在那里发现的。古罗马人很幸运，不用亲自试验把不同比例的岩石粉末加温至白热，因为那不勒斯附近一个叫作波佐利（Pozzuoli）的地方就有现成的水泥。

波佐利臭气熏天，真的很臭。这个意大利地名来自拉丁文"*putere*"，意思就是"发臭"，气味是从附近火山传来的硫黄味。往好处想，这一带数百万年来接收了大量的岩浆、火山灰与浮石。火山灰来自火山口喷发的过热硅酸岩，过程很可能跟现代水泥的制造过程类似。古罗马人只需要忍受臭味，把数百万年来堆积的火山岩粉末挖走就好。这种天然水泥和现代的波特兰水泥略有不同，需要添加石灰才能凝固。然而古罗马人一旦搞清楚这一点，并掺入石头增加强度，他们就成为人类史上第一个拥有混凝土这个独一无二建材的民族。

砖造建筑的组合特性是它受欢迎的原因。砖是砖造建筑的基本单位，刻意做成手掌大小，以利单人作业。混凝土和砖却不同，它起初为液体。这表示混凝土建筑可以用浇注法做出连续体结构，从地基到屋顶一气呵成，没有任何接点。

混凝土工程师的绝招是：你要地基，我们就灌地基给你；你要柱子，我们就灌柱子；要楼面，就灌楼面。你要两倍尺寸？没问题。想要弧面？当然可以。只要开得了模，混凝土什么结构都做得出来。混凝土的威力清晰可见，造访过建筑工地的人都会爱上它。我每周都会从碎片大厦工地的观察窗往里看，看得心荡神驰。我看见大楼从地基缓缓兴起，由蚂蚁般的工人一点一滴浇注而成。岩石和石块粉末送到工地，只是加水就成了石块。这不只是工程技术，更是一种哲学、一种圆满。这个圆从地幔经由造山运动生成岩石和石块开始，再由人类接手，把石头和岩石挖掘出来，按照人类的设计转变成人造的地景，变成高楼大厦，让我们在其中居住和工作，成就这一个循环。

混凝土的问世，让建筑师的想象力得以尽情驰骋。古罗马人发明混凝土后，立刻明白可以用它来奠立帝国的根基。他们可以在任何地方兴建港口，因为混凝土在水下也能凝固。他们还可以兴建沟渠和桥梁，而这些基础建设又能把混凝土运送到任何有需要的地方，不必仰赖当地的石头和黏土。因此，混凝土很适合打造帝国。不过，古罗马最宏伟的混凝土工程就在首都，也就是罗马万神殿的穹顶（下图）。它完工两千年来始终屹立不倒，至今仍是世界上最大的无钢筋混凝土圆顶建筑。

万神殿没有因为罗马帝国衰亡而颓圮，但混凝土却销声匿迹了。古罗马停止制造混凝土后，这个世界有一千多年不曾出现混凝土建

●罗马万神殿的穹顶

筑。这项材料技术亡佚的原因至今成谜，可能因为制造混凝土是专门技术，只有技术发达的帝国才能支持，或者因为它没有结合某种技能或工艺，例如打铁、石刻或木工，以至于没有代代流传，也可能是因为罗马混凝土虽然好用，却有致命的缺陷，而古罗马人虽然晓得，却无法解决。

有两种方法让材料断裂。首先是"塑性断裂"，例如把口香糖拉断就是这样。材料受拉扯后会产生晶格重排而导致延展，使得中间越来越细，最后一分为二。绝大多数金属都可以用这种方法弄断，但因为必须移动许多位错，所以要非常费力才能做到。这也是金属的强度和韧度都高的原因。另一个断裂法是"脆性断裂"，玻璃和茶杯破裂就是如此。这些材料无法借由流动抵消拉扯的力道。只要有一处脆弱就会破坏整体，使得材料断开或碎裂。混凝土碎裂即属此类，这让古罗马人伤透了脑筋。

古罗马人始终未能解决这个问题，只好限制混凝土的用途，只用在受压缩而非受拉扯的结构体，例如柱子、圆顶或地基上。这些地方的混凝土全都被结构的重量挤压着。在受到挤压的情形下，混凝土即使有裂隙也依然强固。造访有两千年历史的万神殿，你会发现穹顶多年来已经出现不少裂痕，可能是地震或下沉所导致，但这些裂隙不会危害结构，因为整个穹顶都受到挤压。然而，古罗马人尝试用水泥兴建横梁或悬垂楼面时，由于这些结构必须承受弯曲应力，他们势必发现就算出现再小的裂痕也会造成崩塌。一旦裂痕两侧的建材被自身和建筑的重量拉开，就绝对无力回天。因此，想让混凝土发挥最大功效，像我们现在用它来兴建墙壁、楼面、桥梁、隧道和水坝这样，人们就势必要解决这个问题。然而，解决方法直到欧洲工业革命兴起时才出现，而且来自非常出人意料的地方。

园艺家发明钢筋混凝土

巴黎园艺家莫尼耶（Joseph Monier）喜欢自己制作花盆。一直到1867年，花盆都是陶瓦做的，非常脆弱易碎，而且造价昂贵，尤其不适合栽种在温室中成长迅速的热带植物。混凝土似乎是更好的选择。它比陶土更容易制作大型花盆，又因为不需要放入窑中烧制，所以也便宜得多。但混凝土的韧度还是不够，因此莫尼耶制作的混凝土花盆还是跟陶瓦花盆一样容易龟裂。

莫尼耶想到一个方法，就是在混凝土里放入钢圈。他可能不知道水泥和钢材的键结极强，因为钢很可能就像放进醋里的油，完全不跟混凝土混合。结果不然，混凝土里的硅酸钙原纤维不仅会吸附石头，也会吸附金属。

混凝土基本上是拟石材，以石头制成，外观、成分和性质也近似石头。但钢筋混凝土就不同了。它跟所有天然材料都不一样。混凝土得到钢筋的加强后，就算受到弯曲应力，也会被混凝土内的钢筋吸收，不会产生大裂缝。钢筋和混凝土合二为一，把原本用途有限的混凝土变成世界上用途最广的建材。

还有一件事莫尼耶当时也不晓得，不过却是强化混凝土的制胜关键。材料不是静态的，会因环境而变化，尤其受温度影响更大。大多数材料都会热胀冷缩。建筑、道路和桥梁，无不因日夜温差而胀缩，仿佛它们会呼吸一样。道路和桥梁的裂隙多半源于此。如果设计时不将此纳入考量，累积的压力就会让结构崩塌。任何工程师在推测莫尼耶的尝试结果时，都会认为水泥和钢差异太大，胀缩幅度不同，应该会导致结构解体，而且这样的花盆摆在冬冷夏热的花园里应该会碎裂。或许正是因为如此，才会没有工程师愿意尝试，反倒让园艺家来做了。

不过说来也巧，钢和混凝土的膨胀系数几乎完全相同，也就是两者的胀缩率几乎相等。这是个小小的奇迹，而莫尼耶不是唯一的发现者。一个名叫威尔金森（William Wilkinson）的英国人，也凑巧发现了这个神奇组合。钢筋混凝土的时代从此到来。

只要造访全球许多发展中国家，我们就会发现数以百万计的穷人住在用泥巴、木材或金属波浪板搭成的棚屋里。这些房子禁不起风吹雨打，而且日晒时非常炎热，下雨又会漏水或坍塌，时常遭暴风吹垮、洪水冲走，或被警察及当权者的推土机铲平。想建造一个能抵挡强风暴雨和权势者的家，建材不只要坚固，还得防火、防风和防水，更要便宜到人人都盖得起。

施工迅速且便宜的建材

钢筋混凝土就是这样的建材。每吨一百英镑的价格绝对是世界上最便宜的建筑材料，加上非常适合机械化工法，使得建筑成本还能再往下压。一个人只要有混凝土搅拌机，几周内就能独力完成地基、墙壁、楼面和屋顶。由于结构单一完整，完成的房子能轻松抵挡风吹雨打一百年。地基可防止水分渗透以及昆虫或白蚁的侵蚀，墙壁能抗倒塌和支撑玻璃窗，而且建筑几乎无须维修。瓷砖不会剥落，因为根本不用贴瓷砖。屋顶跟房子一体成形，藤蔓、植物和青草都可以生长于其上，替建筑物调节温度。除了万神殿穹顶之类的圆顶建筑，就只有钢筋混凝土可以支撑屋顶花园。对发明钢筋混凝土的园艺家来说，这或许是最好的赞美。

碎片大厦越盖越高，我发现我再也不用隔着观察窗才看得到它了。但我的视野反而变得更糟，因为现在所有的工程都在最顶端进行，要站在我家的屋顶上才能看得清楚。于是，我很快就养成习惯，每天早晨都会到屋顶上一边享受咖啡，一边观察碎片大厦的进度。

我开始用粉笔在我家的烟囱上记录它的高度变化。只见那楼层越来越高！根据我的计算，建筑工人速度最快时，几乎几天就会盖好一层楼。

工人能做到这一点，靠的是不断浇注混凝土。水泥车把混凝土运到工地，然后灌入建筑最顶端的板模里。板模依据楼层的大小和形状搭成，里面先架好钢筋作为水泥大楼的骨架。楼面浇注完成后，就卸除板模往上搬，预备浇注下一层楼面，如此不断重复，碎片大厦也越来越高，据我估算，成长速度为每天三米。

最神奇的是，我觉得这个循环似乎能永远继续下去，只要把板模往上搬，然后再浇注混凝土就成了，感觉就像小树新生的枝丫一样。不过，这个循环目前是有极限的。迪拜哈里法塔的高度几乎是碎片大厦的三倍，工程人员发现，要用机器把混凝土垂直打到工地顶端，是很棘手的问题。

不过，这个方法还是非常天才的。这种机械化的建筑方法让混凝土成为极现代的建材，可以通过浇注和浇灌，迅速盖起庞大的建筑。过去的巨型建筑都需要几十年才能盖完，例如欧洲的石造教堂或中国的万里长城，而欧洲第一高楼——碎片大厦的主结构只花了不到六个月就完成了。混凝土让人更敢想象与尝试，也使得土木工程师的梦想得以实现。美国胡佛水坝、法国米约高架桥和俗称"意大利面条路口"的英国格瑞夫里山立体交叉桥，都是钢筋混凝土的杰作。

有一天，碎片大厦不再长高了，几天后外层板模也消失了，只剩下72楼的混凝土尖塔兀自耸立，灰暗、粗糙，和新生儿一样布满皱纹。工程再度从底端开始，让伦敦最新的水泥尖塔默默迎风摇摆，仿佛无所事事地俯瞰底下的人类如蚂蚁般在它脚边走动。但它其实没闲着。混凝土里的含水硅酸钙原纤维正不断增长交错，键结钢筋与石块让尖塔变得更稳固。虽然混凝土遇水后24小时内就会变得够

●法国的米约高架桥由钢筋混凝土制成，是世界上最美的桥梁之一

硬，但这人造岩石的内部构造还需要好几年的发展，潜能才会完全发挥。在我下笔的此刻，碎片大厦里的混凝土主结构还在变硬、变强，只是隐而不显。

等到这栋尖塔的混凝土大厦完全硬固后，将每天承载两万人的重量，以及他们的数千件桌椅等家具、计算机和几吨重的用水，夜以继日，永不休止，然而建筑结构却不会有任何明显的变形，楼面依然稳固坚实。它能任劳任怨支撑几千年，让尖塔里的使用者完全不受风吹雨打。当然，前提是有人妥善养护。

钢筋混凝土虽然声誉卓著，但确实需要养护。事实上，它的弱点正好是它的长处，也就是混凝土的内在结构。

一般来说，钢筋混凝土内的钢筋暴露在风雨中是会锈蚀的，但混凝土内的碱性成分会在钢筋外表形成一层氢氧化铁作为保护膜。不过，随着时间拉长，建筑磨损、剥蚀和长年热胀冷缩，混凝土会出现小裂痕。这些裂痕会让水分渗入，而水分一旦结冻就会膨胀，导致裂痕加深。这种磨损和侵蚀是所有石造建筑的宿命，也是山的

63

宿命，也就是风化侵蚀的原因。为了防止石材或混凝土结构受到损害，这种建筑物每50年就得养护一次。

不过，混凝土还可能遇到一个更严重的威胁，就是大量的水渗入混凝土，开始侵蚀钢筋，导致铁锈在混凝土内部扩散，造成更多裂隙，破坏整个钢筋结构。盐水更容易造成这种伤害，因为它会破坏氢氧化铁形成的保护膜，让钢筋大量锈蚀。寒冷地区会撒盐清除积雪和结冰，所以当地的混凝土桥梁和道路经常接触到盐，特别容易受到这种长期破坏。伦敦汉默斯密（Hammersmith）高架道路的混凝土最近也发现类似的锈蚀。

全世界有半数建筑是混凝土结构，这使得养护成了大工程，而且越来越重要。更糟的是，许多混凝土建筑都位于我们根本不想经常造访的地方，例如连接瑞典和丹麦的松德海峡大桥或核电厂内部。遇到这种情形，混凝土最好能自养护和自愈合。这种混凝土现在已经有了，虽然还在起步阶段，但已经证实有效。

自愈合混凝土来自科学家的发现。他们研究生活在极端环境下的生物，结果发现了一种细菌，它们生活在火山活动形成的强碱湖泊底层。这些湖泊的酸碱值为9~11，这个碱度会灼伤人类皮肤，因此不难想象科学家之前一直认为这些湖里不会有生物。然而详细调查发现，生物的适应力远高于我们的想象，如嗜碱细菌便能生活在这类环境中。科学家发现，其中一种名为巴氏芽孢杆菌（B. pasteurii）的细菌会分泌方解石，而方解石正是混凝土的成分之一。科学家还发现这种杆菌非常顽强，能在岩石里蛰伏数十年。

自愈合混凝土就含有这种杆菌，并掺入杆菌会吃的某种淀粉。这些杆菌平常处于蛰伏状态，被含水硅酸钙原纤维包围。但当混凝土出现裂隙时，这些杆菌就会重获自由，遇到水便会醒来，开始寻找食物。它们吃掉混凝土里的淀粉后就会生长与繁殖，并分泌方解石。方解石是碳酸钙的一种，和混凝土键结后会形成矿物构造，把

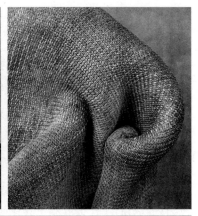

●可以塑形的水泥帆布

裂隙填满,使裂隙不再扩大。

　　这个方法可能属于听起来不错,不过实际上行不通的那一类。但没想到真的管用。研究显示,龟裂的混凝土经由这种杆菌"处理"之后,强度可以恢复九成。目前,科学家正在开发这种自愈合混凝土,希望能用在实际的工程结构上。

　　另一种含有生物成分的混凝土叫作透水混凝土。这种混凝土非常多孔,天然细菌可以占据其中。这些细孔还能让水穿透,因此不太需要排水系统,而混凝土内的细菌还能分解油污和其他污染物,因此有净水功能。

　　现在还有一种混凝土布料,叫作水泥帆布。这种材料可以卷成一筒,只要加水就能固定成你想要的形状。虽然水泥帆布非常适合雕塑,但它最大的用途可能是救灾。只要空投几捆水泥帆布到灾区搭建临时住所,几天之内,一座防雨、防风和防晒的临时城市就能出现,让救灾工作得以进行。

必得隐形，不能示人

不过，碎片大厦接下来发生的事，对混凝土来说可就没那么光彩了。工程人员缓缓但持续地用钢架和玻璃包住大厦外层，遮住所有混凝土表面。他们的用意很明显：混凝土是丢脸的东西，没资格面对这个世界和在大厦中活动的人。

大多数民众也都这么认为。所有人都觉得混凝土适合兴建快速道路、桥梁或水力发电厂，不过城市里却不该出现混凝土建筑。伦敦20世纪60年代以混凝土兴建的南岸中心曾被视为自由的象征，这情况在现今是难以想象的。20世纪60年代是混凝土意气风发的时代。建筑师用它大幅改造市中心，以构筑现代文明。但混凝土的现代感却逐渐消逝，世人开始认为它根本不是未来材质。也许是一下子出现太多质量低劣的混凝土多层停车场，或者是太多人曾在画满涂鸦的地下通道遇到抢劫或攻击，也可能是许多家庭觉得住在钢筋混凝土高楼里感觉不到人的温度。总之，现代人对混凝土的观感是：必要、廉价、有用、灰暗、沉闷、脏污和没人味，但最多的还是丑陋。

然而，问题出在廉价的设计上。设计廉价，再好的建材也回天乏术。钢可以用在出色的建筑方案里，也可以用在差劲的都市规划中；砖和木材也不例外，可是只有混凝土成了"丑陋"的代名词。混凝土并非天生缺乏美感，只要看看悉尼歌剧院的经典贝壳屋顶和伦敦巴比肯艺术中心的内部，我们就能明白混凝土的能耐。事实上，没有混凝土，世界上许多最伟大、最特殊的建筑根本盖不出来。20世纪60年代如此，现在依然如此。现代人无法接受的是它的外观，因此目前通常都会把它隐藏起来。混凝土仍然是地基和主结构，只是无法坦然示人。许多新式混凝土应运而生，希望改变世人的刻板印象。

●悉尼歌剧院经典的贝壳屋顶，就是由混凝土打造的

最新的发明是会自洁净的混凝土，方法是掺入二氧化钛粒子。这些粒子虽然涂抹在表面，但由于粒子极小而且透明，所以外观与一般混凝土建筑完全一样。不过，二氧化钛粒子吸收了阳光中的紫外线后，就会产生自由基离子，能够分解沾上它们的有机污垢，让污垢由风或雨水带走。罗马千禧教堂就是用这种自洁净混凝土兴建的。

其实，二氧化钛不只能清洁混凝土，还可以充当触媒转换器，减少空气中的氮氧化物，而这些氮氧化物是由车辆排放出来的。不少研究证实了这项功效，也使得都市里的建筑与道路在未来可以扮演更积极的角色——跟植物一样来净化空气。

现在碎片大厦已经完工，混凝土都已隐身不见，藏匿在市民更能接受的建材底下，但仍然掩盖不了一个丑陋的秘密。这个秘密关于我们，也关于碎片大厦。那就是混凝土依然是我们社会的根底，也是城市、道路、桥梁和发电厂的基石，占了所有建筑的半数左右。但我们希望它和骨骼一样藏在里面，若显露出来，则只会让人感到

●罗马千禧教堂

不适。或许这并非混凝土的永久宿命，只是人类对它的狂热第二度消退而已。第一波狂热始于古罗马，后来莫名消退。新的混凝土更加精巧，或许能再次扭转我们的观感，点燃第三波狂热。这些"智慧型"混凝土掺了细菌，能盖出会呼吸的活建筑，彻底改写我们跟这种基础建材的关系。

第四章　美味的巧克力

Chocolate
巧克力

　　塞一块黑巧克力到嘴里，一开始你可能只觉得它的棱角顶到上颚和舌头，尝不出什么滋味。你会很想咬下去，但请尽量忍耐，如此才能感受到接下来的变化：硬块在舌头的热度降伏下，突然变软。

巧克力熔化后，你感觉舌头变凉了，甜中带苦的滋味霎时涨满口中，接着是果香和坚果味，最后会在喉间留下淡淡的土味。在那瞬间，你完全沉浸其中无法自拔，享受着这世界上最美好的人造物。

只熔你口的技巧

巧克力的设计就是要入口即化，它是集数百年厨艺和制造技术的巅峰之作。当初，制造商只是想创造一种新的热门饮品，跟茶和咖啡分庭抗礼，可惜一败涂地。直到他们发现热巧克力直接入口比放在锅里更可口、更摩登，也更受欢迎，这才扭转局面，从此不再回头。制造商发明了一种固体饮料，而这都要归功于他们对结晶的认识与调控，尤其是可可脂结晶。

可可脂是植物界最精致的油脂之一，跟牛油和橄榄油不分轩轾。纯可可脂外观近似精致的无盐奶油，不仅是巧克力的基底，而且是高级面霜和乳液的基本成分。别吓坏了，脂肪对人类的贡献本来就不只是食物，还可以用来制作蜡烛、乳霜、灯油、亮光剂和肥皂。不过，可可脂有几点非常特别。

首先是它的熔点和人体温度接近，表示它平常可以以固体方式存放，跟人体接触时才会熔化，因此很适合制作乳液。此外，可可脂含有天然的抗氧化成分，可以防腐，存放多年也不会变质。相较之下，牛油的保鲜期只有几周。可可脂的这一个特点不仅对面霜制造商是利多，对巧克力商也是好消息。

可可脂还有一项优点，就是它能形成结晶，使得巧克力棒的硬度够高。可可脂的主要成分是一种叫作甘油三酯的大分子，它能以不同的方式堆栈形成多种结晶，感觉很像把行李堆进后备厢那样，只是在多种堆法中，某些堆法会比其他方式更占空间。甘油三酯堆

70

●这张手绘图展示了甘油三酯分子的不同结晶方式，每一种结晶的结构和密度都不相同

栈越密，可可脂结晶就越结实。结晶越结实，熔点就越高，也就越硬、越稳定。可可脂越结实，巧克力的制作难度也越高。

结晶一号和二号比较柔软，而且很不稳定，一有机会就会变成密度较大的结晶三号和四号。不过，结晶一号和二号很适合制作冰淇淋上头的巧克力外层，因为它们的熔点只有16℃，就算摆在冰淇淋上也能入口即化。

结晶三号和四号又软又脆，碎裂时不会"啪"地断开。断开这个特点对巧克力师傅很重要，因为能增添品尝巧克力的惊喜与趣味，例如用巧克力外壳包住柔软的内馅，创造不同的口感。此外，就心理学来说，咬碎巧克力时的酥脆口感与声响，会让人感觉巧克力很新鲜，吃起来更加享受。虽说软绵绵的巧克力也有它的优点，但拿起巧克力棒往嘴里一塞，结果发现它又软又黏，一点也不酥脆，那滋味可是相当令人失望的。

基于上述理由，巧克力制造商并不想得到结晶三号和四号，可是这两种结晶最容易制造。只要让巧克力熔化后冷却，几乎都会得到结晶三号和四号。这类巧克力摸起来很软，表面粗糙无光，放在手上很容易熔化，并且会慢慢变成更稳定的结晶五号，同时会释出部分的糖和脂肪，在巧克力表面形成白色粉末，称为起白。

结晶五号是密度极高的脂肪结晶，会让巧克力外表坚硬光滑，宛如镜面，用力扳断时会发出悦耳的"啪"声。它的熔点比其他几类结晶高，达到34℃，因此只会熔于口中。由于这些性质，大多数巧克力制造商都希望制作出五号可可脂结晶。但说起来简单，做起来可不容易。制造商必须借由"调温"程序才能做出结晶五号，并在最后的凝固过程中加入结晶五号的"种子"，让结晶速度较慢的结晶五号能抢得先机，出现油斑起白的巧克力，赢过结晶速度较快的结晶三号和四号，使得液态的巧克力凝固成更密实的五号结晶构造，不让结晶三号和四号有机可乘。

当你把纯的黑巧克力放入口中，感觉它要熔化时，其实就是维持巧克力固态的五号可可脂结晶正在改变。想要妥善保存结晶五号，就必须维持18℃的恒温。制造商会刻意设计成当你把巧克力放进嘴里时，是这些结晶头一回接触到这么高的温度。这是它们的处女秀，也是告别作。巧克力逐渐温热至34℃的门槛后，就会开始熔化。

从固体变为液态称为相变，必须靠能量打破结晶分子间的原子键，让分子自由流动才能做到。因此巧克力达到熔点后，仍会从你的身体吸收额外能量进行相变。这时，巧克力吸收的能量称为潜热，而这能量是由你的舌头提供的。你会感觉舌头凉凉的很舒服，跟嚼薄荷一样。它的原理和流汗一样，只不过一个是巧克力经由舌头吸收潜热，由固态变为液体；一个从皮肤吸收潜热，从液体（汗水）变为气态。植物采用的也是同样的散热方式。

回到可可脂结晶。巧克力在口中熔化不仅带来清凉感，而且伴随着有如琼浆玉液的温热浓稠弥漫齿间，正是这种反差的结合让巧克力口感如此特别，仿佛刚喝下热可可一般。

嗅觉与味觉的绝佳享受

接下来，巧克力里的各种成分摆脱了可可脂晶格的羁绊，开始涌向味蕾。原本封在固态可可脂里的可可粉重获自由。黑巧克力通常含有50%的可可脂和20%的可可粉（包装上会标示为"70%"

黑巧克力），剩下的几乎都是糖。

30%的糖非常多，相当于直接吞下一匙糖粉。不过，黑巧克力却不会让人感觉太甜，甚至完全没有甜味，因为除了可可脂熔化释出糖分，可可粉也会释出生物碱和酚树脂，也就是咖啡因和可可碱分子，味道都非常苦涩，会活化苦味和酸味受器，抵消掉糖的甜味。巧克力制造商的首要工作就是调和这些味道，创造出均衡的滋味。而加盐不只能提味，还开启了巧克力的新视野，让巧克力得以入菜。墨西哥的香草巧克力酱鸡排便是以巧克力为酱底的。

不过，煮过的巧克力跟直接品尝时的味道并不相同。除了其中加了盐，还有一个原因。虽然基本味觉来自舌头的味觉受器，包括苦味、甜味、咸味和鲜味（肉味），不过大多数香味还是来自嗅觉。巧克力的多重滋味其实来自它的气味，一旦煮过，巧克力的香气分子就会蒸发或遭破坏。不只热巧克力如此，茶和咖啡也不例外。这就是为什么咖啡和茶要一冲好就喝，不然香气就会消散无踪。这也是为什么感冒时经常食不知味，因为鼻子里的嗅觉受器都被鼻涕盖住了。让巧克力在口中熔化的高明之处就在这里。可可脂锁住香气分子，等你咬下去才释出600多种各式各样的香气分子到你的嘴巴和鼻子里。

你鼻子里首先侦测到的香味是以"酯"分子为主的果香。这些分子就是啤酒和红酒的香气来源，水果的香味当然也源于此。然而，生可可豆里并没有这类分子。我知道是因为我吃过可可豆，味道简直糟透了，又苦又涩，感觉就像在啃很老的木头，完全闻不到果香，也没有巧克力味，没有人会想再尝一次。要把长相奇特且味道不怎样的豆子变成巧克力，可需要不少制造技术。你甚至会觉得不可思议，当初怎么会有人想到要这么做。

可可豆不可生吃

可可树生长在热带地区，果实藏在大而饱满的豆荚里，看起来很像野生的厚皮橘子或胖茄子。豆荚直接长在树干上，而非枝丫上，感觉非常原始，宛如史前作物。想象恐龙吃它（然后马上吐出来）的画面一点也不难。

每个豆荚里会有三四十颗柔软肥嫩的白色核桃状种子，尺寸和小粒梅子相去不远。我头一回见到可可豆，立刻兴奋地拿了一颗扔进嘴里，才一嚼出味道就吐了出来。我心想：这真的是可可豆吗？旁边的人跟我说是。"但它尝起来一点也不像巧克力！"我满头大汗地抗议道。我那天在洪都拉斯的一处可可园帮忙摘豆荚，不停地被蚊子咬，可可豆的味道又和我想的差太多，因此会那么失望和不舒服也情有可原。但我知道自己还是太暴躁了，讲话的口气就像《查理和巧克力工厂》里的金奖券得主一样，而可可园的景象也跟罗尔德·达尔小说里的场景一样奇幻。矮小多节的可可树在香蕉村和椰子村的树荫下生长着，树干上爬满豆荚，叶子透着阳光幻化出千百

●长满可可荚的可可树

74

种绿色。接下来发生的事更是非常有威利·旺卡巧克力工厂的风格。我们用柴刀收割可可树的种子，然后扔在地上叠成一堆，任由它们腐烂。

繁复的化学过程

我后来发现这不是洪都拉斯特有的做法，所有巧克力都是这样制成的。接下来两周，种子开始腐烂发酵，温度也不断升高。这么做是要"杀死"种子，不让它们发芽长成可可树。但更重要的是这么做还会促成化学反应，把可可豆里的成分转变成巧克力味的必要元素。不经过这个程序，采用再多其他方法都做不出巧克力。

水果气味的酯分子就是在发酵过程中形成的，是可可豆里的酶让酸和乙醇发生酯化反应的结果。跟所有化学反应一样，这个过程也受非常多的因素影响，例如成分的比例、环境温度和氧含量。这表示巧克力的味道不仅非常依赖可可豆的成熟度和种类，而且取决于可可豆堆得多高、放置时间多长和平时的天气，等等。

你可能好奇巧克力制造商为何不常提到这些。那是因为这是商业机密。表面上可可豆和其他商品没什么不同，跟糖一样是原物料，在国际市场交易里为食品市场创造数十亿美元的产值。但少有人提及可可豆跟茶和咖啡一样，处理过程和品种的不同会造成味道上极大的差异。唯有对品种和处理过程了如指掌的人，才能买到对的可可豆。因此在制作顶级巧克力时，这方面的知识属于最高机密。此外，为了控制质量，制造商还得考虑热带气候的多变和偶尔暴发的疫病。总之，制造高品质巧克力需要极其严谨的工艺，因此好的黑巧克力才会那么贵。

不过，我们付钱买到的除了发酵促成的酯分子带来的果香味，还有土味、坚果味和某种鲜味。这些味道都来自发酵后的程序，也就是晒干和烘焙。和制作咖啡一样，烘烤让每粒可可豆都变成一座小型化学工厂，在其中进行多种反应。首先是可可豆里的碳水化合物（主要是糖和淀粉）开始受热分解，基本上类似用锅加热纯糖，碳水化合物会焦糖化。只是可可豆的焦糖化过程发生在豆子里，使豆子由白转棕，生成多种具有坚果焦糖味的香气分子。

糖分子（无论在热锅上或可可豆里）受热会由白转棕，是因为含碳。糖是碳水化合物，也就是由碳、氢、氧三种原子所组成。糖受热后，长链状的糖分子会断成许多截，有些小到直接蒸发，也就是那些好闻气味的来源。基本上，含碳的小段分子通常比较大，所以会留下来。这些分子的内部会形成"碳双键"，有吸光作用，量少时会让焦糖化的糖呈黄棕色。但若继续烘烤则会让糖分子变成纯碳，内部只剩碳双键，形成焦味和深棕色。完全烘烤会让可可豆变成焦炭，是因为里面的糖分子完全炭化，变成黑色。

温度更高时会发生另一种反应，也会影响可可豆的颜色与气味，

●热可可如今是一种很受欢迎的热饮品

76

那就是所谓的"梅纳反应"。梅纳反应是糖和蛋白质的作用。如果说糖是细胞世界的燃料，那么蛋白质就是主设备，是建造细胞和细胞内部结构的分子。由于种子（豆和坚果）必须具备足够的蛋白质才能启动细胞成长机制，让植物发芽，因此可可豆必然富含多种蛋白质。当可可豆受热超过160℃时，里头的碳水化合物和蛋白质就会发生梅纳反应，再跟之前发酵时产生的酸和酯作用，形成大量的小型香气分子。少了梅纳反应，这世界绝对乏味许多。这么说一点也不夸张。面包皮、烤蔬菜和许许多多烘烤类食物所散发的香气，都是梅纳反应的功劳。以可可豆来说，梅纳反应不仅带来了坚果香和鲜味，而且减少了苦涩感。

把发酵烘烤过的可可豆磨碎后倒入热水中，就会得到中美洲部落常喝的"巧克拉托鲁"（chocolatl）。奥梅克人和后来的玛雅人最早种植可可豆，也最早发明热可可，并且将之当成祭奠用品和春药长达数百年，甚至曾当成货币。欧洲探险家在17世纪取得这种饮品后立刻引进回国，它在咖啡馆里跟茶和咖啡一较高下，抢夺欧洲人的味蕾，结果铩羽而归。因为他们忘了"巧克拉托鲁"的原意是苦水，而且就算加了非洲和南美蓄奴种植业制造的廉价砂糖，味道还是一样有渣滓感且厚重油腻，因为可可豆里有一半是可可脂。这样的情况持续了二百年。热可可虽然有名，又有异国风味，却不怎么受欢迎。

不过，几项制造工法的发明却让巧克力的命运就此改变。首先是荷兰巧克力公司梵豪登（Van Houten）于1828年发明的螺旋压滤机。发酵和烘烤过的可可豆经过这台机器碾压后，会滤出可可脂，把它和可可豆颗粒分离。可可豆去除脂肪后，就能磨成更细的可可粉，使得冲泡后的渣滓感消失，变得如丝绒般滑润顺口。用这种可可粉冲出的热巧克力大获好评，一直风行至今。

分离后再加起来

●1902年弗莱氏巧克力的广告

接下来的事只有违反直觉的天才才想得到：分离并纯化可可脂后，也把可可粉磨细了，何不把两者再混在一起，然后加上糖，创造出完美的可可豆，那种你希望就长在树上，糖、巧克力和脂肪混合得恰到好处的可可豆呢？就像来到威利·旺卡巧克力工厂一样？

比利时、荷兰和瑞士都有巧克力制造商不断朝这方面研发，然而最后却是一家名叫弗莱氏（Fry and Sons）的英国厂商做出了"用来吃的巧克力"，制造出世界第一条巧克力棒。纯化的可可脂熔在口中会释出可可粉，瞬间让人感觉有如尝到了热巧克力般。这种口感绝无仅有。由于可可脂的分量能独立控制，不受可可粉和糖的影响，因此制造商可以创造出不同的口味，满足不同的喜好。当时，冰箱还没发明，而可可脂含有抗氧化成分，能让巧克力商品在架上长久保存。巧克力产业就此诞生。

对某些人来说，含糖量30%的巧克力还是很苦，因此制造商又加了一样东西，大幅改变了巧克力的滋味。那东西就是牛奶。牛奶让巧克力的干涩感大幅降低，使可可尝起来更温和，于是巧克力的味道就变得更甜了。瑞士人于19世纪率先采用这个做法，在巧克力中加入了大量的雀巢奶粉。雀巢公司当时刚刚崛起，靠着把牛奶变成奶粉，把原本放不久也运不远的生鲜食品，变成可以长期保存和长途运送的商品而崭露头角。巧克力和奶粉都能长久保存，结合在一起获得了惊人的成功。

如今，加入巧克力的牛奶各式各样，所以世界各国的牛奶巧克力尝起来才会差那么多。美国使用的牛奶已经先用酶脱去了部分脂肪，使得巧克力带有奶酪味，甚至有一点酸。英国则是在牛奶里加糖，浓缩后再加到巧克力里，创造出淡淡的焦糖味。欧洲大陆依然使用奶粉，让巧克力带有鲜乳味和粉粉的口感。各国的口味都很难外销。虽然全球化大行其道，各国民众习惯和偏好的牛奶巧克力口味却非常在地化，让人相当意外。

　　不过，所有牛奶巧克力都有一个特点，就是牛奶在加入前几乎都已经不含任何水分。这是因为巧克力粉有亲水性，见水就吸，但吸了水就会脱去脂肪外膜，因为水和脂肪互不相溶。结果就是巧克力变得黏糊糊的，很像玛雅人喝的巧克拉托鲁。只要用水溶解巧克力做过酱汁的人，就遇到过这个问题。

最美好的滋味

　　许多人都嗜食巧克力，我也一样，而原因不只是味道，还包括巧克力中含有的一些具有精神作用的物质，其中，人们最熟悉的就是咖啡因。可可豆里有少量咖啡因，而巧克力因为含有可可粉，所以也有咖啡因。另一种有精神作用的物质是可可碱，和咖啡因一样是兴奋剂兼抗氧化剂，但对狗来说是剧毒。每年都有许多狗误食巧克力而丧命，尤其是在复活节和圣诞假期。

　　可可碱对人的效果温和许多，而巧克力比起茶和咖啡，刺激度也小了许多，因此就算每天吃12条巧克力棒也只等于喝了一两杯浓咖啡。巧克力还含有大麻素，吸食大麻会觉得亢奋就是因为这个化学物质。不过，巧克力里的大麻素的含量一样很少。研究人员针对巧克力嗜食现象进行分析时也发现，没有什么证据支持嗜食巧克力跟这些物质有关。

于是，这留下另一个可以解释巧克力上瘾症的原因。不是化学效果，而是品尝巧克力的感官经验令人沉迷。巧克力和其他食物都不一样。巧克力熔在口中时，那温温浓浓的巧克力酱会突然散发一股强烈复杂、又苦又甜的丰富味道。它不仅传递一种味道，而且传递一种口感，令人放松与安心，同时又令人兴奋，简单说，就是它满足的不只是口欲。

绝妙的感官刺激

有些人说吃巧克力胜过接吻，科学家也真的做过实验来测试这个说法有没有根据。2007年，路易斯（David Lewis）博士领导的团队征求了几对热恋中的情侣，先测量情侣接吻时的脑部活动和心跳速率，再记录他们分别吃巧克力时的脑部活动和心跳速率。结果发现，接吻虽然会让心跳加速，效果却不如吃巧克力那么持久。研究还显示巧克力开始在口中熔化时，大脑所有区域得到的刺激，比接吻带来的亢奋还要强烈和持久。

虽然只有这一项研究，却支持了前述的说法，也就是对许多人而言，吃巧克力的感觉比接吻还好。巧克力品牌更是大力推销巧克力和强烈感官愉悦的关联，其中，最有名的或许是吉百利雪花（Cadbury's Flake）巧克力长年推出的电视广告了。

我看过的第一则雪花巧克力广告是一个女子正在泡澡，泡得很愉快。但我当时年纪太小，还无法体会泡澡的愉悦。对我来说，泡澡只是为了洁净身体，而且通常很冷，因为我得等三个哥哥泡完了才能进去。

20世纪70年代能源昂贵，而且我们家的热水常常不够，只在爸妈准许我带玩具船进浴室玩时，我才觉得泡澡很开心。广告里的女子没有玩具船，只有一条雪花巧克力棒。但她每咬一口，就好像幸福洋溢，仿佛尝到了最纯粹的愉悦般。我发现我从不曾经历过那种愉悦，在泡澡时更没体会过。那则广告深深打动了我和我哥哥，我们甚至要求母亲让我们在泡澡时吃巧克力，可惜她非但不为所动，还禁止我们看广告。不过这命令完全无法执行，因为我们家根本没电视，雪花巧克力广告是我在朋友家过夜时看到的。我直到后来才恍然大悟，她不准我们再看那则广告不是由于洗澡时吃巧克力的缘故。

雪花巧克力的广告从20世纪50年代一直延续至今，广告里永远是一个女子一边享受悠闲时光，一边偷偷愉悦地品尝雪花巧克力。巧克力棒的形状与大小，还有广告中女子充满暗示意味的动作和陶醉的神情，即使没有任何裸露画面（完全只是暗示而已），也引起观众强烈的警觉与愤怒。的确，只要到YouTube去看所有的雪花巧克力广告，就会发现在暗示性上，早期比现在要强烈得多。不过，要求审查这些广告的呼声虽然得到了回应，广告里的信息却还是传递出去了，而且似乎广获回响。这或许更证明事实果真如此：对许多人来说，巧克力真的比性爱还棒。

●巧克力会带来强烈的感官愉悦

在巧克力消费量最高的国家里，瑞士名列第一，其次是奥地利、爱尔兰、德国和挪威。事实上，巧克力消费量最高的前20个国家中，16个在欧洲北部。美国人喜欢用巧克力调味胜过直接吃巧克力棒，半数以上的美国人说他们喜欢巧克力饮料、巧克力蛋糕和巧克力饼干胜过其他巧克力产品。既然大家都说巧克力比性爱还棒，那么我们很难不从上面的发现推出某些结论。但欧洲国家巧克力消费量极高其实还有另一种解释，答案同样和温度有关。

巧克力含在口中要能迅速熔化，室温必须稍低才行。若天气太热，则巧克力不是在货架上就熔了，就是得放进冰箱，结果适得其反：冷冰冰的巧克力还来不及熔化就被吞进肚子里了。这或许可以解释，位于热带的中美洲原住民虽然发明了巧克力，却始终把它当成饮品，没有做成固体的巧克力。

此外，固体巧克力暴露在20℃以上的高温时，例如放在阳光下或车子里，晶体结构就会彻底改变，而且效果立刻看得见，因为巧克力表面会"起白"，脂肪和糖会浮到表面形成白色结晶状粉末，留下河流般的痕迹。

有潜力的健康食品

巧克力不仅能带来纯粹的愉悦，而且高糖含量及咖啡因和可可碱的兴奋效果赋予巧克力另一个角色。有句广告词总结得好："每天一条士力架，畅快工作、休息，而且玩耍不停歇。"法国人说："累了吗？来条士力架再上路！"德国人也说："一条士力架，体力饱满精神佳！"由于巧克力棒含糖量超过50%，脂肪超过30%，因此显然能提供高浓缩的能量，立刻振奋精神。不过也因为这个道理，大量摄取巧克力到底健不健康也引来不少质疑。

首先，可可脂是饱和脂肪。这类脂肪会提高患心脏病的风险。不过，进一步研究显示，身体消化饱和脂肪时会把它转成不饱和脂肪，而不饱和脂肪是良性的。此外，可可粒子含有多种抗氧化剂，但目前我们对这些抗氧化剂在人体内的作用还不清楚。不过，哈佛大学做的控制对照研究显示，相较于完全不吃巧克力，固定食用少量黑巧克力能延长平均寿命。

原因目前还不知道，相关研究也正在进行。当然，食用过量只会造成肥胖，并抵消所有好处。总之，巧克力的功效还未有定论。但撇开摄取过量不谈，专家已经不再认为巧克力有害健康，甚至觉得它有益健康。

因此，虽然离拿巧克力当药或给孩子当学校营养午餐的时刻还早得很，但基于前述理由，巧克力已经是许多国家的标准军粮配给。巧克力能提供糖分以恢复活力，提供咖啡因和可可碱来刺激大脑活动，补充大量活动所耗损的脂肪，而且它还可以保存数年。最后但也最具争议的一点：它或许还能缓解性挫折。

我自己也很爱吃巧克力，每天下午和晚上都吃。这是因为我看太多雪花巧克力的广告而被洗脑了，还是因为心理上对物质的依赖，或是我的北欧成长背景让我有性压抑的倾向，我不知道。但我宁可相信，是因为我真心敬佩它是人类制造技术的伟大发明。制作巧克力所需的技术之复杂与高明，绝对不亚于钢铁和混凝土。人类凭着惊人的智慧，把这个平淡无奇、味道令人作呕的热带果实，变成冰冷、坚硬而易碎的固体，就为了让它达成一件事：熔于口中，用温暖、芬芳、苦中带甜的滋味填满我们的口腔，活化大脑的快乐中枢。科学对它的理解再多，还是无法用言语或方程式表露其万一。我觉得巧克力就像一首诗，跟十四行诗一样复杂与美好。这就是为什么古希腊人会称它为"theobroma"，因为巧克力确实恰如其名。"theobroma"的意思就是"神吃的食物"。

第五章　不可思议的发泡材料

foam
发泡材料

难忘的惊鸿一瞥

1998年某一天，我一走进实验室就看见一名技术人员把一块材料从显微镜下取出来。"我不晓得你能不能看到这个，"他说，"所以我们还是谨慎点，免得我报告写不完。"然后，他就匆匆把那块材料盖上。

我当时在为美国政府工作，地点在新墨西哥州一处沙漠里的核武实验室。身为英国公民，我只通过了最基本的背景调查，因此实验室里有些地方我不能去。事实上，几乎所有地方我都不能去。但这是我工作的实验室，因此技术人员的反应实在很怪。不过，我知道最好别多问。

当时是20世纪90年代末期，我常接受安全查核，而我的美国同事也不断受到上级压力，必须汇报跟我交谈中的任何不寻常之处。对我这种天生好问又爱开玩笑的英国人来说，乱问问题可是很危险的。不过，那材料真的很特别，虽然我只是瞬间瞄到一小块，却怎么也忘不掉。

我们的研究团队经常在中午一起去实验室附近的几间自助餐厅吃饭。这表示我们必须离开冷气的呵护，迎向刺眼的沙漠，到烤干的柏油地停车场取车，然后通过铁丝网高墙，驶入点缀着仙人掌的金色沙漠，朝空军基地的方向前进。一路上，我们会望着车子周围的热浪发呆，放眼望去见不到任何影子。那地方实在太不真实，而我们要做的事又那么平常，显得一切更加奇幻。几辆车驶在沙漠上，车子被无情的太阳烤得滚烫，目的地是供应得州墨西哥菜的自助餐厅。这就是我们做的平常事之一。我们每天瞎聊，对话都被酷热烤得干枯无趣。那个神秘材料每天都会在我心头浮现，让我好奇它到底是什么。我不能跟任何人谈它，反而让我更忘不了它。

我记得它是透明的，却奇怪地呈乳白色，很像珠宝的全息图，是虚幻不实的物质。我之前绝对没有见过这种东西。我忍不住胡思乱想，难道它是从外星人的宇宙飞船上抢来的？一阵子之后，我开始怀疑自己是否真的看过它，接着又疑神疑鬼，心想：他们是不是正在对我洗脑，让我以为一切只是自己的想象？我每天开车往返实验室与自助餐厅时总是不停地对自己说："我真的看到了。"不知道为什么，我就是觉得它属于我。最后，我甚至担心它被人虐待。就是那时候，我发现自己不能再待下去了。

直到几年后，我才又见到它。那时，我已经回到英国，在伦敦国王学院担任材料研究小组主任。有天下午，我在家里做生日卡片，打算送给我哥哥丹恩，忽然听见电视新闻报道，美国国家航空航天局的星尘号宇宙飞船已经于2004年1月2日成功接触了威德二号彗星，接着屏幕上出现了我的那个材料。呃，当然不是我的材料，只是我很希望它是我的。"所以它是外太空来的！"我在空荡荡的家里振臂高呼，随即兴冲冲地跑到电脑前搜寻更多信息。我心想：他们正在外太空采集它。

我想错了。

跟果冻一样的东西

那东西其实是名叫气凝胶的物质。我完全误解那则新闻了。美国国家航空航天局不是在采集气凝胶，而是用气凝胶来采集星尘。我没再多想，赶紧上网搜寻气凝胶的信息和历史。我发现气凝胶不是来自外太空，但它背后的故事还是奇特得很。气凝胶是20世纪30年代发明的，发明人是名叫契史特勒（Samuel Kistler）的美国人。契史特勒原本想研究农学，后来却成了化学家。他发明气凝胶纯粹出于对果冻的兴趣。果冻？

契史特勒问："果冻是什么？"他知道果冻不是液体，但也不算固体，因此他认为果冻是困在固体里的液体，但这个固体监狱的铁栅是细到看不见的网格。食用胶的网格由长串的明胶分子组成，主

●果冻看起来既不像固体，也不像液体

要成分为胶原蛋白。绝大多数的结缔组织都由胶原蛋白构成，像是肌腱、皮肤和软骨。明胶分子入水后会先分解再连成网状，把液体锁住让它无法流动。因此，果冻基本上就像灌了水的气球，只不过它并非靠外层的薄膜把水困住，而是从里面让水不能流动。

果冻网格内的水分子是由表面张力拉住的。水会润湿其他物体，形成水滴和附着在其他东西上，都是表面张力的作用。果冻网格内的表面张力强度刚好，既让水无法挣脱，又可以晃动，所以果冻才会那么柔软又有弹性，有那么奇特的口感。

果冻几乎百分之百是水，熔点为35℃，因此一放入口中，明胶网格就会瓦解，让水迸射而出。果冻是困在固体网格内的液体。这解释虽然简单，但契史特勒还不满意。他想知道果冻内看不见的明胶网格是不是一个整体，也就是网格是不是一个共聚而独立的内在框架？如果把液体移走了，网格是不是依然存在？

为了回答这个问题，契史特勒做了一系列实验，并于1931年把结果投给《自然》科学期刊（3211号，卷127，第741页），标题为"共聚扩散气凝胶与果冻"。他开头就写：

"果冻内液体的连续性展现在扩散、脱水及超滤，而且可由其他性质不同的液体替换，清楚表示胶体结构和内部的液体可能是互相独立的。"

契史特勒开头这段话的意思是，实验显示果冻内的液体是连成一体的，而非分成小块，而且可以替换成其他液体。他认为这表示果冻内的固体结构可能和液体是互相独立的。

此外，他用涵盖范围更广的"胶体"一词取代果冻，表示所有类似胶体的物质都有这个特性，从非常接近固体的物质到非常接近液体的物质都是如此，发胶、鸡高汤和凝固中的水泥（网格由硅酸钙原纤维组成）无一例外。

契史特勒接着指出，目前还没有人能把胶体内的液体和固体结构分离。"之前有人透过蒸发去除胶体内的液体，但由于胶体缩得太厉害，因此固体结构也大受损害。"换句话说，之前的人想用蒸发去除胶体内的液体，结果内部固体结构直接塌了。契史特勒骄傲地说，他和合作伙伴已经找到了解决之道：

"我和能利德（Charles Learned）先生认为，胶体内的液体可用气体代换，并且在麦克班（J.W. McBain）教授的慷慨协助及建议下，做了实验来检验我们的假说，结果大获成功。"

这个做法的高明之处在于保留胶体内的液体，然后用气体去代换，借由气体的压力支撑住固体结构，使它不至于崩塌。不过，契史特勒和能利德首先用液态溶剂（他们用的是酒精）来取代水，因为液态溶剂比较好操控，但坏处是它也会蒸发。不过，契史特勒和能利德找到了解决方法：

"蒸发一定会导致胶体萎缩。但只要把胶体放到高压釜里，注入该液体并把温度提高到液体的临界温度之上，压力维持在蒸汽压以上，就能阻止液体蒸发，而胶体也不会因为表面毛细力而收缩。"

高压釜其实就是能加热的高压槽。釜内只要压力够大，胶体内的液体就算超过沸点也不会蒸发。至于契史特勒提到的毛细力，则来自液体的表面张力。契史特勒认为当液体因

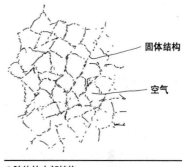

●胶体的内部结构

固体结构

空气

蒸发而流失，原本支撑住胶体的毛细力反而会把胶体撕裂。

但只要把胶体的温度提高到所谓的"临界温度"之上，使气体和液体的密度及结构相同，两者不再有任何区别，胶体内的液体就会直接变成气体，而不受蒸发的过程破坏。契史特勒写道：

"液体超过临界温度就会直接变为永久气体，中途没有断续。胶体不会'知道'它里面的液体已经变成气体了。"

这个做法实在太天才了。胶体内新形成的气体受制于釜里的高压而无法挣脱，使得胶体内的固体结构得以维持。

"剩下要做的就是让气体消散，留下体积不变的共聚气凝胶。"

直到这时，契史特勒才让气体慢慢消散，完整保留了胶体内的固体结构，且骨架结构完全不变，从而证实了他的假说。那一刻肯定非常令人满意。但契史特勒还不肯罢手。胶体的固体结构非常轻盈、脆弱，大部分由空气组成，其实它就是泡沫。契史特勒心想，若胶体不是由明胶构成的，而是更坚固的物质，固体结构或许就会更强韧。于是，他选择了玻璃的主要成分，制造出了以二氧化硅为固体结构的胶体，接着再按先前的程序去除胶体中的液体，制造出了世界上最轻的固体——二氧化硅气凝胶。那年，我在沙漠实验室里惊鸿一瞥的东西就是它。

契史特勒仍不满足，又做了其他的气凝胶，并列在投稿的论

文里：

　　"我们已经做出了二氧化硅、氧化铝、酒石酸镍、氧化锡、明胶、琼脂、三氧化钨、硝化纤维、纤维素和卵白蛋白的气凝胶，而且这个名单似乎还能无限制扩展下去，没有做不到的理由。"

　　契史特勒虽然成功做出二氧化硅气凝胶，却还是忍不住做了卵白蛋白（也就是蛋白）气凝胶。因此，其他人是用蛋白制作蓬松的煎蛋卷和烤蛋糕，契史特勒则是另起炉灶，用高压釜制作蛋白气凝胶，做出全世界最轻的蛋白霜。

　　二氧化硅气凝胶的外表非常诡异，放在暗色前（如下图）会呈蓝色，放在浅色前却几乎消失不见。它虽然不像玻璃那么透明，却比玻璃更隐形、更难看见。光穿透玻璃时会微微偏斜，也就是折射。气凝胶的物质含量极少，因此光穿透时几乎不会偏折。同理，气凝胶的表面几乎不会反射光线，而且由于密度极低，所以没有明显的

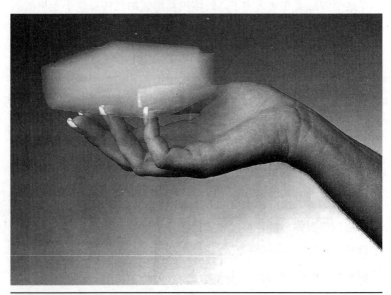

●二氧化硅气凝胶是全世界最轻的固体，99.8%是空气

边角，实在不算是真正的固体，当然，它确实是固体。气凝胶内的固体结构和泡沫的结构差不多，只有一点非常不同，就是气凝胶里所有的孔洞都连在一起。由于孔洞极多，二氧化硅气凝胶99.8%是空气，密度约略大于空气的三倍，基本上等于没有重量。

握在手中的蓝天

　　二氧化硅气凝胶放在暗色前会呈蓝色，它的成分和玻璃一样，照理不该有任何颜色。科学家多年来一直百思不得其解，后来终于找到答案。这答案也没有让人失望，同样很怪。

　　太阳光穿透地球大气层时会击中许多分子（主要为氧和氮），并且像弹珠一样从这些分子身上反弹，这个现象称为散射。也就是说，晴天时往天空看，阳光会在大气层里反弹多次才进入我们的眼睛。如果阳光散射均匀，天空看起来就会是白色的，可现实并非如此。因为短波长的光比长波长的光更容易散射，使得天空中蓝光比红光和黄光反弹更多，所以当我们仰望天际，见到的不是白色天空，而是蓝天。

　　这个现象称为瑞利散射。这个散射的量非常小，必须聚积大量气体才看得见。因此在天空中可以看见这个现象，而只靠房间里的空气则不行。换句话说，一小块天空不会呈现蓝色，整个大气层才会。不过，当少量空气被透明物质封住，而这个物质又有数以百亿计的微小表面，那么透明物质内部的瑞利散射量，就足以改变入射光的颜色。二氧化硅气凝胶的结构正是如此，所以才会呈蓝色。手里拿着一块气凝胶，其实就等于握着一大片天空。

　　气凝胶泡绵还有其他有趣的性质，其中最神奇的就是隔热，也就是它能阻绝热的传导。气凝胶的隔热效果非常惊人，就算底下放

●二氧化硅气凝胶保护花朵不被煤气灯烧焦

一盏煤气灯，上头放一朵花，几分钟后花朵依然芬芳如故。

　　双层玻璃的原理就是在两片玻璃之间保留空隙，让热难以传导。不妨把玻璃中的原子想象成摇滚演唱会的观众，所有人挤在一起舞动身体。音乐越大声，观众跳得越起劲，彼此的碰撞也越频繁。玻璃内部也是如此：受热越多，原子振动越剧烈，而物体的温度其实就是原子振动的幅度大小。不过由于双层玻璃之间有一道空隙，因此其中一面玻璃的原子振动很难把能量传导到另一面玻璃去。当然，隔温是冷热不分的，双层玻璃可以用在北极让建筑保持温暖，也能用在迪拜把炙热阻绝在建筑之外。

双层玻璃虽然有效，却仍会损失大量热能，住在酷热或严寒地区的人只要看一下电费账单就一定晓得。能改善吗？呃，我们当然可以使用三层或四层玻璃，只要增加玻璃以阻挡热传导即可。但玻璃很厚实，增加玻璃层数会变得笨重，透明程度也会降低。这时就轮到气凝胶上场了。因为它是发泡材料，等于亿万万层玻璃和空气，所以隔热效果惊人。契史特勒发现气凝胶有隔热

●双层玻璃可以隔热

和许多其他特性，便在投稿的论文结语中写道：

"上述观察除了深具科学意义，气凝胶带来的新物理性质也很有意思。"

的确很有意思。契史特勒发现了世界上最好的绝热体。

科学界对他的发现短暂赞赏过一阵子，随即忘得一干二净。20世纪30年代，科学家还有其他事情要做，很难判断哪些发明会改变世界，哪些会被遗忘。契史特勒发明气凝胶的1931年，物理学家鲁斯卡（Ernst Ruska）做出了全世界第一台电子显微镜。契史特勒投稿的那一期《自然》里，诺贝尔奖得主物理学家小布拉格（William Lawrence Bragg）发表了晶体内电子衍射的文章。这些科学家发明了视像化的观测工具，让我们得以了解物质和材料的内在结构。这是16世纪光学显微镜发明以来，人类再次发明显微镜，而新的微观世界也就此展开。材料科学家立刻开始探索金属、塑料、

陶瓷和细胞的内在构造，从原子和分子层面了解这些物质。那是一段令人振奋的时光，材料界突飞猛进，科学家很快就做出了尼龙、铝合金、硅芯片、玻璃纤维和许多革命性的新材料。气凝胶就这么消失在众声喧哗中，被所有人遗忘了。

只有一个人还记得，就是契史特勒本人。他觉得胶体结构的美和隔热特性实在太特别了，应该必然在未来占有一席之地。虽然二氧化硅气凝胶跟玻璃一样脆弱易碎，但以它极轻的重量而言强度却相当高，显然有工业价值。于是，他申请了专利，授权给一家叫作孟山都集团的化学公司生产。孟山都集团于1948年完成一种粉状的二氧化硅气凝胶，命名为山都胶（santogel）。

作为世上最佳的绝热材料，山都胶似乎前途光明，只可惜生不逢时。20世纪50年代，能源价格不断下滑，也没有发现全球气候变暖的问题。气凝胶造价太高，作为绝热材料一点也不实惠。

孟山都在绝热材料市场铩羽而归，只好另辟蹊径，为山都胶在墨水和涂料市场找出路，因为山都胶有散光性，能让墨水和涂料变暗，创造出雾面效果。最后，山都胶总算找到一份不大光彩的差事，就是充当绵羊用防蝇膏的增稠剂和"凝固汽油弹"的胶化剂。但由于20世纪60年代和70年代还有更廉价的选择，因此山都胶连这么一小块市场都保不住，孟山都决定全面停产山都胶。契史特勒于1975年过世，生前始终无缘见到这种神奇无比的材料出人头地。

飞向太空的材质

后来，气凝胶东山再起，不是因为找到了商业用途，而是它的特殊性质引来欧洲核子研究中心物理学家的注意。他们当时正在研究所谓的切连科夫辐射，也就是亚原子粒子以超光速穿透物质时发出的辐射。侦测和分析切连科夫辐射可以了解粒子性质，并提供给科学家一种新颖的方法来辨识粒子的种类。气凝胶非常适合作为粒子穿透用的物质，因为它可以说是固态的气体。直到现在，气凝胶依然是物理学家破解次原子世界谜团的绝佳帮手。气凝胶成功踏进物理学家的实验室，有了这些复杂仪器、远大目标和大笔经费支持，它再度声名鹊起。

20世纪80年代初期，气凝胶非常昂贵，只有资金充裕的实验室才用得起。欧洲粒子物理研究中心是其中之一，美国国家航空航天局则紧跟其后。二氧化硅气凝胶在太空探测上的初试啼声之作，是隔离仪器不受极高温的破坏。气凝胶特别适合这类任务，不仅因为它是世界上最好的绝热体，而且因为它非常轻盈。为了让宇宙飞船摆脱地球重力进入太空，减轻零件和设备重量非常关键。

1997年，气凝胶首次使用在火星探路者号上，从此便成为宇宙飞船的标准绝热材料。不过，美国国家航空航天局的科学家一旦发现气凝胶能耐受太空飞行，就想到它还有另一个用途。

捕捉太空物质

若你在晴朗的晚上仰望夜空，偶尔会见到流星一闪划过天际。人类很早就知道流星是因高速穿越地球大气层而受热烁亮的陨石。这些陨石主要来自彗星、小行星和太阳系45亿年前形成时所残留的太空尘。人类数百年来一直努力辨识这些天体的构成元素，因为这类知识有助于我们理解太阳系如何形成，甚至能解释地球的化学组成。

分析陨石的组成元素确实能看出一些有意思的线索，问题是这些成分通过地球大气层时都经过了高温燃烧。因此美国国家航空航天局的科学家就想：要是能到外太空采集这些物质，再原封不动带回地球，那不是更好？

这个构想的第一个难题是太空中的物体往往移动迅速，例如太空尘一般速度为每秒5公里，相当于时速1.8万公里，比子弹还要快得多，采集起来并不简单。用肉身抵挡子弹时，若子弹的力道超过皮肤的破坏压力，子弹就会贯穿皮肤；若是穿了高破坏强度材质（如凯芙拉纤维）做成的防弹背心，子弹就会遭压扁变形。无论如何，上述两种方法都很危险，不过原则上是可行的，就像"徒手"接板球或棒球一样。关键在于分散球的能量，避免单一点的高压撞击。因此，美国国家航空航天局需要找到一个方法或一样东西，能让太空尘从时速1.8万公里减速为0，又不会损及太空尘或太空船。这东西必须密度极低，让太空尘粒子可以缓缓减速不会受损，但又要在几厘米的距离内就做到，而且最好是透明的，方便科学家找到射入的太空尘。

如果这世上真有这种东西就已经够神奇，没想到美国国家航空航天局还早就用在太空飞行上了。不用说，这东西就是气凝胶。气凝胶捕捉太空尘的力学原理其实跟特技演员跳楼一样。演员坠落在堆成小山的纸箱上，每个纸箱被压垮时都吸收掉了部分冲力，因此纸箱越多越好。同理，气凝胶里的每个"泡泡"遭太空尘粒子撞击时，都会吸收掉一点点能量，但由于每立方厘米内都有数十亿个泡泡，因此气凝胶足以完好无缺地拦阻住太空尘。

依据气凝胶的特性，美国国家航空航天局规划了一整套太空任务，让宇宙飞船在太空中轻柔地采集太空尘。1999年2月7日，星尘号宇宙飞船发射升空，船上装载了穿越太阳系所需的装置，并且设定飞向威德二号彗星。美国国家航空航天局除了希望采集外太空的星际尘埃，还打算搜集彗星释出的尘埃，以便研究彗星等星体的构成元素。为了完成任务，他们设计了一个很像巨型网球拍的工具，只是丝线之间不是空洞，而是涂满了气凝胶。

随星尘号远航

2002年夏秋两季，星尘号宇宙飞船来到遥远的外太空，方圆数百万公里之内见不到半颗行星。它打开活门，伸出涂满气凝胶的巨型球拍，只不过这场星际网球赛没有对手，而且要接的球小到要用显微镜才看得见。其他恒星残骸早已消逝无踪，只剩太阳系的渣滓还在太空中飘浮。但星尘号不能在遥远的外太空逗留太久，它还得赶去跟刚刚通过太阳系外围，朝太阳系中心奔去的威德二号彗星碰面。星尘号收起气凝胶球拍，加速迎向这位每6.5年接近太阳系一次的访客。

星尘号耗费一年多才抵达会面地点。2004年1月2日，它发现这颗直径5公里的彗星就在前方，正加速朝太阳逼近。星尘号调整方向飞入彗星后方237公里的彗尾里，再次打开活门伸出气凝胶球拍，这回使用反面，开始执行人类首次的彗星尘埃采集任务。

任务完成后，星尘号起程回航，两年后返抵地球。快到地球时，它改变航向并抛出一个返回舱。胶囊受地球重力牵引以每秒12.9公里的速度穿越大气层，创下返回地球的最快速度，自己也化成了流星。自由坠落15秒并达炽热温度后，胶囊张开减速降落伞减缓下降速度，并于几分钟后来到了美国犹他州沙漠上空3公里处。胶囊上的减速降落伞脱落，主降落伞张开。这时，地面的回收小组已经差不多知道胶

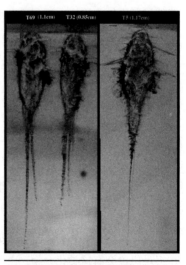

●显微镜下看到的气凝胶内的彗星尘埃轨迹
（美国国家航空航天局提供）

囊会落在何处，于是朝沙漠驶去，预备迎接经历了7年旅程、来回航行了40亿公里的胶囊降落。胶囊于格林尼治标准时间上午10点12分落地，日期是2006年1月25日星期三。

美国国家航空航天局加州帕萨迪纳喷射推进实验室的星尘计划主持人德克斯布里（Tom Duxbury）表示："我们的感觉就像父母亲迎接少小离家终于归来的孩子一样，而他带回来的答案将足以解开我们太阳系最深邃的谜团。"

不过，在打开胶囊观察气凝胶采集到的样本之前，科学家自己也不晓得胶囊到底带回了什么，又能解开哪些谜团。也许太空尘直接穿过气凝胶，什么也没留下来；也许返回地球的震荡和减速让气凝胶解体了，变成无用的细粉；也许星球之间根本没有太空尘。

其实根本不用担心。他们把胶囊带回航空航天局实验室，打开后发现气凝胶没有受损，几乎完好无缺，仅表面出现一些微小的凿痕，检查后证实那些都是太空尘的进入点。面对一颗早在地球诞生之前就已经存在的彗星，气凝胶完成了其他材料都无法达成的任务：把彗星抛出的尘埃样本原封不动地带回地球。

取回胶囊后，航空航天局的科学家花了许多年找出气凝胶内的尘埃，直至现在仍在进行中。他们寻找的微粒，肉眼看不到，必须靠显微镜帮忙，因此才需要这么多年。由于工程太过庞大，因此航空航天局甚至开放民众协助。"在家找星尘"计划训练民众担任志愿者，使用自家计算机观察数千张气凝胶样本显微影像，寻找太空尘的迹象。

这项研究目前得到了一些有趣的发现。其中，最令人意外的就是，从威德二号彗星上取得的尘埃绝大多数都带有含铝熔滴。但熔滴需要1200℃以上的高温才能形成，而彗星始终在冰冷的太空中飞行，实在很难想象会有这类化合物。由于一般认为彗星是在太阳系诞生之初形成的冰岩，因此熔滴的存在就算不是不可能，也有些令人意外。这似乎显示彗星形成过程的传统解释是错的，或者我们对太阳系的形成还有许多不了解之处。

星尘号完成任务之后，终于燃料用罄。2011年3月24日，美国国家航空航天局命令星尘号停止通联。星尘号在距离地球3.12亿公里外的太空中做了最后一次回应，表示收到指令，接着便和世人永别了。它目前正在浩瀚无垠的宇宙中航行，成了人造的彗星。

星尘号的任务结束了，气凝胶的光辉岁月是不是也走到了尽头？很有可能。虽然气凝胶是世界上最好的绝热体，可是价格太贵，而且人类也不晓得是不是真正有心重视环保，愿意考虑量产气凝胶。目前，有几家公司销售气凝胶绝热体，但多半还是供极端环境（如钻油工程）使用。

或许环境因素会让能源价格越来越高。一旦能源费用过高，不难想象，目前盛行的双层玻璃或许会由更先进的玻璃材料取代，例如气凝胶。研发新式气凝胶的脚步正逐渐加快。目前已经有一些新技术能制造出具有弹性的可弯折气凝胶，不再像二氧化硅气凝胶那么脆弱易碎。这种名为"X气凝胶"的材料是用化学反应把刚硬的气凝胶泡沫墙分解，插入聚合物分子当成铰链，以增加气凝胶的弹性。X气凝胶可以做成极具弹性的材料，如纺织原料，制作世界上最轻暖的毯子，取代羽毛被和睡袋之类的产品。由于气凝胶重量极轻，因此很适合制作极端环境使用的户外服饰和鞋子，甚至能取代运动鞋内的泡绵鞋底，增加鞋底的弹性。此外，最近还有人开发出可导电的碳气凝胶，以及吸收力超强、可以吸收有毒废料和气体的气凝胶。

因此，气凝胶或许一时还无法成为我们日常生活的一部分，除非环境变得更加极端与多变。身为材料科学家，虽然我很高兴人类已经找到可以适应新环境的材料，以防万一全球气候变暖无法逆转，但我可不希望我的孩子遭遇这样的未来。

如今有太多材料都能量产，连从前备受崇敬的金和银也不例外。

但我仍旧期望人们能单纯因为某个材料的美和意义而欣赏它。大多数人一辈子都没机会见到气凝胶，但摸过它的人永远也忘不了。那是非常独特的体验。你把它放在手里不会感觉到任何重量，它的边缘非常不明显，几乎分不清哪里是它的边角、哪里是空气。加上那幻影般的蓝色，让人真有抓着一块天空的错觉。气凝胶似乎有种魔力，让人说什么也想让它待在你的生活里。它就像派对上的神秘宾客，即使你不知道该跟它说些什么，也想待在它身边。这种材料值得不一样的对待，不应该遭遗忘或待在粒子加速器里。它的存在本身就值得受人青睐。

气凝胶的诞生纯粹出于人的好奇、天才与奇想。在这个强调创意并奖励创造的时代，还用金、银、铜制作奖牌实在奇怪。若要用一种材料来代表人类能仰望天空并思考自身存在，能把岩石遍布的星球化为富饶神奇之地，能探索浩瀚的太阳系却又不忘自身的柔弱与渺小，如果有一种材料好比蓝天，那就是气凝胶。

第六章　充满创造力的塑料

plastic
塑料

　　我在牛津大学攻读材料科学博士时，经常去看下午场的电影。在空荡荡的漆黑戏院里看电影，比其他休闲方式更能让我的大脑放松，尤其是在阴沉的下雨的午后。不过有一回很奇怪，我竟然在戏院大厅跟一个陌生人大吵了一架。那天下午，放映的是经典西部片《虎豹小霸王》，主角是保罗·纽曼和罗伯特·雷德福。电影开映前，我排队买甜点，忽然听见后面有一个男的抱怨戏院已经不吸引人了，只好靠卖超贵的甜食赚钱。但他就站在糖果店前面排队，这么矛盾的发言让我惯有的英式拘谨突然决堤了。

塑料没有罪

不过，真正让我火大的是他的下一句话："现在的糖果为什么都用塑料包装？在我那个年代，糖果都是用纸包的，店里的糖果都放在罐子里，要买时才称重用纸袋包装。"我手里紧紧抓着亮橘色塑料包装的瑞佛斯巧克力糖，面带微笑瞪着他说："可是戏院本来就最适合用塑料，尤其是这部电影。"

我的语气可能有点高高在上，大概吧。因为我是博士班的学生，自觉学识渊博，而且我很想为塑料说话，因为它实在常常被人误解。

但我挑错人了，那位老兄立刻以电影权威的姿态朝我猛力反击。我在胡说八道什么？我这个年纪懂什么电影？他可是活在戏院的黄金时代，看的是电影，呼吸的也是电影。看电影是要看大银幕上的明星，享受闪烁的灯光、丝绒座椅和放映机的嘎嘎声。我说的话他一个字也没听进去，或许不听是对的。就算我的说法再有道理，我也找不到合适的词汇来表达。后来，我们两人气冲冲地走进戏院，坐在空荡荡的放映厅的两端。灯暗时，我如释重负地叹了一口气。

我日后经常想起这段难堪的往事，思考怎么说才更能为塑料讨回公道，最后得出一个结论：唯有靠那位老兄最爱的东西才能让他听得进我的话，也就是电影的视觉语言。所以我真的做了。为了那场输掉的争论，我写了一个剧本说明糖果塑料包装袋跟电影《虎豹小霸王》的关系。剧本写得很粗略，有些地方与当年争论的关系可能不大明显，因此每一场结束后，我都再附上一小节简短的注释。

用塑料取代象牙

第一场　酒吧风云

场景：旧金山的一间酒吧
时间：1869年
人物：哥哥比尔与弟弟伊森，以及酒客红脸男

中午刚过，酒吧里摆满桌椅，其中一半坐了人，他们在喝酒玩牌。角落的一架钢琴没人弹奏，明亮的加州阳光穿透缺角的百叶窗，窗子被风吹得沙沙作响，空气中轻烟缭绕。

酒吧里的客人个个容貌凶狠，几乎都是失业者。有些之前是矿工，十年前因为加州的淘金热来到西部，结果财富没挣到，最后沦落至这个城市。其他人则是南北战争的退伍士兵，到这里当职业杀手。几个女人陪在他们身旁。

酒吧角落里有一张台球桌和15颗球，是最近风行的玩意儿。比尔和弟弟伊森正在打台球。比尔是牛仔，在俄亥俄州杀了人，躲到这里避风头。他沉默寡言，笑起来才知道一口牙几乎没了，因为有一回被马踢断了。他说服了弟弟跟他利用新建好的铁路，一起到旧金山。

伊森：（俯身架好球杆准备击球）蓝色球，底袋。

103

比尔：（手拿球杆靠着墙）是吗？

伊森：（一杆把球送进底袋）呼哈！我好爱这个新游戏，爱死了。

比尔：是吗？

伊森：没错，（装成上流人的口音）你不知道吗？台球是有闲人的玩意儿。就是咱们这种人，对吧，比尔？有闲人。哈！

　　伊森一边继续用上流人的口音讲个不停，一边又打进两球。每进一球就对比尔咧嘴微笑，但比尔浑然不觉，因为他被某张牌桌发生的争执吸引住了。

　　刚来的红脸男发现自己遭人设局骗了，气得猛然起身，但没有站稳，把椅子撞倒，重重地砸在地上。同桌的其他客人哄堂大笑，红脸男酩酊大醉，脑子里的想法全都写在脸上。他原想掀了牌桌走人，但摸到怀里的枪，就掏出枪朝其他人比画。笑声停了。几秒钟后，整间酒吧都安静下来，除了伊森。他背对酒吧，正准备再度出击，打进另一颗难打的球。

伊森：（装成上流人的口音）蓝色球，底袋。

　　在众人沉默中，他挥杆击球，但白球撞到八号球时，怪事发生了。只见亮光一闪，伴随着巨大的撞击声。八号球被突如其来的小爆炸震偏了，没有进袋。

　　头昏脑涨的红脸男刚望向伊森，就被爆炸声吓了一跳，下意识地朝台球桌的方向开了一枪，随即跑出酒吧。

　　伊森血流如注地倒在地上。白球终于停了下来，但因为刚才和八号球的火爆撞击而熊熊燃烧着。

第一场注释

台球从15世纪开始在北欧皇室和宫廷里流行，基本上是室内版的门球，所以它的绿色台面是为了模拟草地。工业革命大幅降低了台球桌的造价，而到了现代，酒吧和酒馆发现，放置台球桌能增加收入，于是，都市里的穷人也开始玩起这个游戏。

19世纪，台球用具和技巧开始精进。首先，球杆前端加了皮革块，并涂上俗称为巧克粉的粉末，让击球者更能利用旋转技巧来控制母球。这项技巧最早是英国水手带进美国的，因此使母球旋转的"加赛"打法，英文术语到现在依然称为"side"。

1840年，美国人固特异（Charles Goodyear）发明了硫化橡胶，台球桌四周开始加上柔软有弹性的橡胶垫，一般叫作"库"或"颗星"（cushion），与原本的木头不同的是，它让球的反弹路径终于可以预测了。之后，台球桌就和我们现在看到的样子差不多了。

19世纪70年代，台球在美国从原本只有三四颗球，变成更新潮的15颗球的玩法。不过当时，台球还是用象牙制成的，因此非常昂贵。

象牙的性质非常特别：它硬得能承受几千次高速撞击而不会凹陷或剥裂，并强韧得不会碎裂，又可以用机器刨成球形，而且跟其他有机材质一样可以染色。当时，没有其他材料能兼顾这些特性，因此当台球在全美各地的酒吧开始盛行时，象牙的价格真的可能会跟着水涨船高，如此一来，很快就会贵得没人买得起。所以，许多酒吧开始尝试用其他材料做成的台球，例如塑料，但有些台球受撞击后的表现很怪。塑料在当时还是全新的材质，跟其他材料的差别就像剧本和散文一样大。

●象牙一度成为台球的原材料

化学的车库革命

第二场　寻找投资者

场景：纽约市中心一处小屋

人物：海厄特与列佛兹将军

小屋是海厄特（John Wesley Hyatt）的实验室。他是报社的印刷工，闲暇时喜欢做化学实验。28岁的他已经拥有一项专利，而且不久就要留名青史，成为第一个制造出可用塑料的人。

列佛兹（Marshall Lefferts）将军正在小屋造访海厄特。他是退伍将官兼投资家，曾经资助过年轻时的爱迪生，现在对海厄特的研究很感兴趣。他个头高大，仪表堂堂，必须弯腰才不会撞到天花板。

小屋里摆满玻璃制品、木桶和数量惊人的象牙，而且飘着浓烈的溶剂味，就算开窗也散不去。

海厄特：（指着小屋角落一箱排列整齐的台球）我前两天用合成材料做台球时突然想到这个点子，就想找您来瞧瞧。

列佛兹：台球？你为什么想做台球？

海厄特：台球目前只能用象牙做，价格太高了。但这游戏最近实在太流行，制造商开始担心象牙不够用，所以在《纽约时报》上登广告，开出一万美元的奖金，征求能发明替代材质的人。

列佛兹：一万美元？少来，不过就是游戏，哪会有人投资这么多钱？

海厄特原本摆弄着化学仪器，突然停下手头的事开始东张西望，随即在墙上找到他要的东西。那是一张发黄的剪报，是从《纽约时报》剪下的征奖广告。海厄特把剪报递给列佛兹将军。

海厄特：您自己看吧。

列佛兹：（一边抽着雪茄，一边读报）菲兰卡伦德公司，全美最大的台球制造商——我没听说过他们……（继续默默往下读，嘴里念念有词，接着大声读出一段）本公司慷慨提供一万美元，赠予发明象牙替代材质的人。啧啧啧，真的假的？

海厄特：唉，是真的没错。我已经钻研不少年，也给了他们许多样品。几个月前，他们跟我联络，说他们送了一些我最近做的样品到全美各地的酒吧做试验。

列佛兹：所以你成功了？

海厄特：嗯，算是吧……（低着头不知该如何往下说）只是有一个问题……呃，我示范制作过程给您瞧，您就知道了。老实说，我就是为了这件事才找您来的，因为您得亲眼见到才会相信。

　　海厄特放下手上的实验器材，从上锁的橱柜里拿出一只大杜瓦瓶，将里面的透明液体倒进烧杯里。

海厄特：这是关键，而且一直在我眼前，只是我没发现。

列佛兹：什么意思？

海厄特：在酒精里制备硝化纤维素。

列佛兹：硝化纤维素……我听过这个东西……嗯，没错，我听过。但它不是会爆炸吗？

　　列佛兹突然脸色涨红、神情慌张，没想到自己这么天真，来这里见这位疯狂的科学家，置自己于险境。他紧张地拨弄手上的雪茄——他在南北战争的战场上已经见过太多因爆炸引发的愚蠢意外了。

海厄特：（没有察觉列佛兹的担忧）哦，我想您说的是硝化甘油吧。的确，这两者在化学上有一点类似，但这东西是硝化纤维素，基本上不会爆炸。或许有一点易爆性，因为它的确是易燃物，不过我一直都非常小心。

　　他转头对列佛兹微微一笑时，察觉对方非常紧张，所以就再多解释一些，以缓解对方的焦虑。

海厄特：硝化甘油是甘油硝化而成的，它是无色的油状液体，也是制造肥皂的副产品，只要混合甘油和硝酸就能制成。不过如您所言，硝化甘油极不稳定，是炸药的主要成分。但我手上这个东西是硝化纤维素，成分是木浆和硝酸，干燥后就会变成棉火药。棉火药非常易燃，这我承认，但不会爆炸（再次转头望着列佛兹）。我现在用的是液态棉火药，称作火棉胶。这东西很有意思，您瞧。

列佛兹看着海厄特朝烧杯倒了几滴红墨水，硝化纤维素立刻变成亮红色。接着海厄特把一颗用线吊着的木球放进烧杯，浸到液体里再拿出来。只见木球上覆了一层美丽的亮红色塑料，而且塑料迅速变硬。列佛兹看了果然大吃一惊。

列佛兹：真是太神奇了。我可以摸摸看吗？

海厄特：（面露喜悦）当然——呃，不行，它还要再等一下才会全干。不过我有之前做好的。

列佛兹：（拿起海厄特做的台球互敲）所以你搞定了。那问题又出在哪里？难道它还是易燃？

列佛兹拿着原本叼在嘴边的雪茄试探地戳了戳台球，结果台球立刻起火燃烧。海厄特熟练地把球从列佛兹手中拿走，扔到窗外。

海厄特：呃，对，这材料相当易燃。这一点当然不够理想。事实上，有报告指出，两颗球高速撞击时会自动着火。但真正的问题是声音，球互相撞击时的声音就是不对。

列佛兹：唉，谁在乎声音听起来怎么样？

海厄特：您错了，他们可在乎呢！我也很在乎。但我想跟您谈

的不是这个。喏，瞧瞧这个。（他从抽屉里拿出一个东西递给列佛兹）

列佛兹：（打量了那东西一会儿）这是一把象牙梳子。怎么了？

海厄特：它不是象牙做的！（笑容灿烂）哈，我骗过您了。这个新材料使用的原料，就是台球外层的硝化纤维素涂料。但我用了新的制程，如此一来，做台球就不需要木球了。我只用硝化纤维素就可以做出一整颗球，只要掺入含有樟脑的溶剂就搞定了。

这个制作过程叫塑化。（他兴奋地在抽屉里东翻西找）这是梳子，这是牙刷，还有这个是……项链（他把所有的东西都塞给列佛兹）。

列佛兹默默地打量手上的假象牙制品。

列佛兹：（悄声说）象牙市场规模多大？

海厄特：很大，非常大。

列佛兹：那你还需要什么，才能开始量产这个……这叫什么？

海厄特：它是纤维素（cellulose）做的，所以我想叫它赛璐珞（Celluloid），您觉得呢？

列佛兹：你要叫它什么都可以，我只想知道你需要什么，才能开始量产赛璐珞？

海厄特：钱和时间。

第二场注释

上面的场景是真人实事，只有对话是模拟的。如今很难想象，有人可以在自家小屋里做出重大的化学发现，但在19世纪末期，化学工程刚踏入黄金年代，人类对化学越来越理解，而且新材料的发明往往也带来致富的商机。

此外，化学制品的取得很容易也很廉价，贩售更几乎没有规范

纤维素

硝化纤维素

●硝化纤维素与制纸的纤维素在化学构造上非常相近，两种化合物都是由氢、氧、碳构成的六元环，以氧连接所构成

限制。许多发明家都在自己家中进行实验，固特异甚至是在债主的牢里做实验的。海厄特发明的赛璐珞一旦被证实好用，这种能提供保护、舒适和弹性的新材料就会有需求。

"塑料"一词涵盖了许多材料，全都是固态可塑形的有机物，也就是以碳为基础的化合物。固特异发明的橡胶是塑料的一种，但全合成塑料才是改写塑料意义的发明。海厄特和弟弟在自家小屋设立实验室制造塑料，部分动机源自《纽约时报》那个以一万美元奖金，征求制造台球新材质的广告。此外，海厄特还获得南北战争退役将军列佛兹领导的投资人挹注经费。当时，有酒吧老板不满意海厄特制造的台球，因为外层涂抹的火棉胶会爆炸。其中，一个老板说："只要球一相撞，店里所有客人都会掏枪。"现在的乒乓球由一种叫作酚醛树脂的塑料制成，至于赛璐珞，它只用于制造一种球，就是台球。

塑料有助于人体防腐

第三场　确认凶手

场景：旧金山的一处殡仪馆
人物：比尔与遗体防腐师

过世的伊森全身赤裸地躺在手术台上，衣服刚被割开，扔在地上。房间里还有一些遗体摆在长椅上，其中几具仍在淌血，在地上留下了血渍。空气中弥漫着浓烈的化学药品味，还有味道更难闻、更刺鼻的尸臭味。遗体防腐师正在清理伊森身上的血迹，比尔在一旁看着。

比尔：我有多少时间？
遗体防腐师：你是说等你爸妈过来？

比尔点点头。

遗体防腐师：正常情况下，三天。
比尔：（咬紧下颚）那不正常情况下呢？
遗体防腐师：嗯，我刚拿到新的福尔马林。只要量够，我们就能把他保存很久，但福尔马林很贵。我也可以用砷，砷比较便宜，但用砷的话，他的外形会变。

比尔没有说话，一言不发地盯着死去的弟弟。

遗体防腐师：我听说是新买的台球惹的祸？那个纽约佬做的台

球？我在报上读过，听说他是科学家和发明家，跟发明电灯的爱迪生一样，但没有爱迪生那么成功。

比尔：纽约？那家伙很有钱吗？

遗体防腐师：我想应该很有钱吧……

比尔转身就走。

遗体防腐师：喂，你要去哪里？你弟弟的遗体怎么办？

第三场注释

1869年时，人类虽然已经知道冷藏的基本方法，但电冰箱还要再等50年才会问世。因此，热带国家的死者只有两个选择：立刻埋葬或火化，不然就是以药物防腐。在1867年以前，防腐通常使用酒精或含砷等有毒物质的特殊溶剂，直到德国化学家霍夫曼（August Wilbelm von Hoffmann）在该年发明了福尔马林，这种情况才得以改观。福尔马林跟之前的防腐剂不同，它能保存人体的器官组织，让遗体看来栩栩如生，因此很快成为主流。列宁、土耳其国父凯末尔和英国戴安娜王妃的遗体都经过福尔马林处理。

前些年，德国解剖学家冯·哈根斯（Gunther von Hagens）发明了一项新的保存技术，称为生物塑化法。它能把尸体内的水分和脂肪移除，再以真空技术置入硅胶和环氧树脂。环氧树脂大量使用在涂料、黏着剂和可塑产品中。生物塑化法跟福尔马林一样，能让遗体栩栩如生，但由于使用可定形的塑化材料，因此能把尸体做成各种姿势。冯·哈根斯策划的"人体世界展"于1995年开始巡回全球各地，展出他制作的各种姿势的人体，目前，总参观人数已经有数百万。

塑料专利之争

第四场　侵权风波

场景：纽约市法庭

时间：数年后

人物：海厄特、原告律师与列佛兹将军

　　海厄特因为赛璐珞的专利权被告上法庭。他的公司靠着这个新材质赚进大把钞票，制造的产品琳琅满目，从梳子、毛刷到刀把都有，甚至包括假牙。原告律师的委托人为英国发明家史皮尔（Daniel Spill），他宣称自己发明了名为赛罗耐特（Xylonite）的类似塑料材质，而且比海厄特早了一年。法庭旁听席只有寥寥数人，海厄特的金主列佛兹将军坐在前排聆听律师辩论。

原告律师：你说你发明赛璐珞是为了取代……台球？

　　海厄特：是的，没错。我用火棉胶当木球的涂层，让球看来像是象牙做的。但我发现如果能让涂层变成固体材料，就不需要木球了，而且撞击声也会比较像象牙台球。

原告律师：声音像象牙台球？你这样讲有点离谱，你不觉得吗？

　　海厄特：我到底要解释几次才行？你随便找一个打台球的人问，他都会告诉你，声音对了玩起来才有感觉。

原告律师：所以你否认曾经在1869年得知伦敦出现了一种名叫赛罗耐特的材料，制程跟你的做法完全相同，而且也是把——（他低头查看笔记）硝化纤维素转变成塑料材料，成品跟你的发明近似，使用的溶剂也是——（他又低头查看笔记）樟脑溶剂吗？

要把火棉胶变成你叫作赛璐珞的材料，这是关键步骤，不是吗？你难道要我们相信这只是巧合？

海厄特：不是！我是说没错，我否认知情。我完全不晓得。（气得满脸通红）这个方法完全是我一个人发现的。

原告律师：是不是你自己发现的不是重点，海厄特先生，你应该很清楚才对。重点是你的关键制程之前已经有人申请专利保护了，而且持有该专利的就是我的委托人，伦敦的史皮尔先生。但你完全没有支付专利使用费。

海厄特：史皮尔！哈！他根本不是发明家，只是投机分子和商人，而且是很差劲的商人！他的点子都是从帕克斯（Alexander Parkes）那里得来的。帕克斯发明了帕克辛（Parkesine），他才是真正的科学家。史皮尔只会抄袭，现在看到我辛苦发明的成果又想分一杯羹。（转身面对没注意听的法官）法官大人，这是侮辱。

原告律师：所以你希望我们相信你知道帕克斯的成果，却对史皮尔先生的发明一无所知？

海厄特：史皮尔的什么发明？他做出来的材料根本不能用！如果我不可以拥有赛璐珞的专利权，那史皮尔更别想。最早做出塑料的是帕克斯，时间是1862年，所有人都知道。他只是没能让它管用，但我做到了。不像史皮尔只会抄袭，我是自己有系统地做实验想出来的。（转身看着法官，不过法官似乎兴味索然，正在把玩怀表）我规规矩矩做生意，可不想让寄生虫占我便宜！

列佛兹全神贯注地聆听，但海厄特承认知道帕克辛的存在，让他不禁低头沉思，随即起身离开法庭。

虽然在赛璐珞发明之前就有类似塑料的材料问世，但一般公认赛璐珞是最早的商业塑料材料。

在1862年的国际博览会上，英国冶金家、化学家兼发明家帕克斯向世人介绍了一种很有趣的新材质。它的成分为植物质，但非常坚硬而透明，且具有可塑性。帕克斯虽然一直认为火棉胶可以制成塑料，但始终没能找到合适的溶剂把硝化纤维素转成具有可塑性的材料。是海厄特想到使用含有樟脑这种味道呛鼻的树脂的溶剂，问题才迎刃而解，这让赛璐珞成为人人都买得起的塑料材料。

与此同时，英国人史皮尔仿照帕克斯的制程，申请了几项专利，并推出一种名叫赛罗耐特的类似材质。虽然赛罗耐特没能卖钱，但是史皮尔还是决定控告海厄特，因为他之前已经取得了樟脑溶剂的专利。

和史皮尔的专利权之争几乎弄垮了海厄特的事业。不过，法官最后裁定史皮尔和海厄特都没资格取得硝化纤维素塑料的专利，让塑料产业从此进入高度竞争和创新的时代。

珠宝的替代品

第五场　虽假犹真

场景：玛莉·露易丝的闺房，美国科罗拉多州波德镇
人物：比尔与玛莉·露易丝

玛莉·露易丝很有生意头脑，是镇上唯一一家店的老板娘。

她坐在镜前一边梳妆打扮，试戴首饰，一边跟比尔交谈。

玛莉·露易丝：哦，比尔，你向我求婚只是贪图我的财产，好继续四处旅行。你在打什么主意，我清楚得很。

比尔：我有事要到纽约找一个人，处理完立刻回来。

玛莉·露易丝：（哈哈大笑）果然没错！我只会为了爱而结婚，比尔。我想挽着你一起散步，跟你坐马车到果园溪旁野餐，要你喂我吃葡萄……（想到那个画面，她呵呵笑了）

比尔：野餐？

玛莉·露易丝：没错，比尔，就是野餐。我想要尊重与自由，这是我对婚姻的期望。我还希望你能去看牙医。我不会嫁给没有牙齿的男人，绝不可能。

玛莉·露易丝在试戴不同的项链，比尔气愤地起身，把她手里的项链一把抢走扔到角落。

比尔：你干吗这么爱惜那些垃圾？

玛莉·露易丝：比尔，住手！我们每回讲到正经事，你都这样。

比尔：那些是塑料，玛莉·露易丝，塑料。那些不是真的珠宝，你也不是真的淑女。你是假淑女戴假项链！

玛莉·露易丝：至少我有梦想，比尔。我也有原则！你要是希望我认真考虑你的求婚，应该知道我希望你怎么样……

第五场注释

赛璐珞产业在19世纪70年代突飞猛进，各种颜色、形状和质感的产品五花八门。重点是它能惟妙惟肖地做出高级材料的质感，例如象牙、檀木、珍珠母和玳瑁，而早期的塑料也多半做此用途。新兴的中产阶级渴望拥有富人般的物质享受，却又负担不起。由于塑料造价便宜，因此贩卖塑料梳子、项链和珍珠给这些中产阶级，可以赚取丰厚的利润。

假牙也有塑料革命

第六场　补牙风波

　　场景：牙医诊所
　　人物：牙医与比尔

　　朴素的木造房间中央摆着一张大椅子和几张桌子，桌上排列着各式金属器具。墙上一张证书写着："哈洛德·克雷·波顿于1865年毕业于辛辛那提牙医学院。"房间只有一扇窗户，外头是灌木林。仲夏时分，天气炎热又潮湿。

　　牙医：先生，麻烦脱掉衬衫坐在这里，自在一点儿。（指着牙医躺椅）

　　比尔：（没脱衬衫直接坐到躺椅上）做这个要多少钱？

　　牙医：不晓得，得看您需要什么。

　　比尔：我需要牙齿，就这么简单。

　　牙医：我知道，先生，但我得先瞧瞧您的嘴巴，看哪种假牙合适。您要是穿着衬衫，我担心会弄脏。

　　比尔：你不做什么，只是看看而已，对吧？

　　牙医：对，可是……

比尔：那就来吧。

牙医：我需要用这个材料帮您的牙床制作齿模。（让比尔看熟石膏粉）接着看您需要补多少颗牙，我可以用橡胶或这个很有意思的新材料，新材料放在嘴里感觉比较舒服。

比尔：随便，管用就好。

牙医：哦，这个叫作赛璐珞的新材料绝对管用。它很容易塑形，而且——

比尔：你说什么？

牙医：赛璐珞。它是非常新、非常摩登的材料，虽然很软，但又很……硬，如果您明白我的意思，它非常适合做假牙。大家都在用——（他看见比尔一脸气愤，便没有继续往下说）先生……我说错话了吗？

比尔：可恶！难道我就躲不开那玩意儿吗？

牙医：可是，先生，塑料真的是最适合的材质，而且装在嘴里很舒服……（看着比尔起身朝门口走去）先生，我不懂这是怎么回事。（伸手抓住比尔的胳膊）

比尔狠狠甩开牙医的手，掏出枪指着牙医。

比尔：我告诉你怎么回事。就是那东西！（把枪对着牙医器具和假牙材料）全都是那东西惹的祸！

第六场注释

很有趣，海厄特真的曾尝试用赛璐珞制作假牙。但赛璐珞并不适合，主要因为赛璐珞假牙遇热会变形，而且会散发强烈的樟脑味。不过，它的竞争对手橡胶假牙也是半斤八两，橡胶假牙装在嘴里会

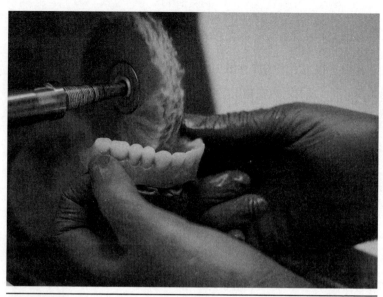

●正在制作的假牙

有硫黄味。直到20世纪，丙烯酸塑料问世后，制作出的假牙才比较舒服、无味，感觉也比较自然。

视觉文化史的转折点

第七场　跨入影像世界

场景：纽约市海厄特的办公室
人物：伊士曼与海厄特

相机制造商伊士曼到海厄特的办公室来造访，办公室位于赛璐珞工厂二楼的角落，是用玻璃隔出来的房间。

海厄特：……所以我认为我们可以做出新的相机机身，比木制机身更不透光，因为它是一体成形的，而且比金属机身轻很多。

伊士曼：我不是来跟你讨论相机的。

海厄特：不是吗？

伊士曼：不是。（没再说话。背对海厄特，望着楼下工厂的运转）赛璐珞能做到多薄？

海厄特：薄？呃，我一开始是拿它当涂层用的，你是这个意思吗？

伊士曼：（转身面对海厄特，显然下定了决心）你对照相底片认识多少？

海厄特：我知道得不多……我记得底片是用玻璃做的，对吧？

伊士曼：对，没错。涂了感光胶的玻璃。

海厄特：所以……你想用赛璐珞取代感光胶？

伊士曼：（面露淘气）我想用赛璐珞取代玻璃。

海厄特：（很努力想搞懂）嗯……好让底片比较不容易破吗？

伊士曼：你知道摄影师除了所需的器具，还能携带多少照相底片吗？

　　海厄特摇摇头。

伊士曼：十个，最多十五个。照相底片实在太笨重了，得带一头驮兽才背得动，或至少雇一两位挑夫。摄影非常贵，是有钱人的游戏。

海厄特：你认为塑料底片能把门槛压低？

伊士曼：我希望摄影变成大家都能做的事，不仅简单，而且便宜到你可以拿着相机参加生日派对或去野餐、去度假，甚至——

海厄特：去海边！

伊士曼：没错！为了做到这一点，相机必须做得更小、更轻，更重要的是得去掉笨重的照相底片。（认真看着海厄特）我已经把相机设计出来了，关键是把照相乳剂涂在能弯曲的细长带子上，这样就能把二三十张影像卷起来收进小罐子里。我叫它柯达相机，所有人都应该买得起。我要把摄影带给全世界！

海厄特：你说的能弯曲的细长带子，它所需要的技术你已经发明出来了吗？

伊士曼：呃，还没有。我们试过用纸，但不管用。

海厄特：所以你想用赛璐珞试试看？

伊士曼：你觉得可行吗？

第七场注释

玻璃非常适合制造照相底片，因为它既透明又不容易起化学反应。但玻璃笨重又昂贵，让摄影成为摄影师和有钱人专属的活动。

●用赛璐珞制成的胶卷

伊士曼设计了赛璐珞软片以取代玻璃制的硬片，这是使他发明的柯达轻便相机能掀起摄影革命的关键。他把玻璃制的照相底片换成赛璐珞制的弹性胶卷，可以卷曲收纳，让相机变得小巧轻盈，而且便宜。他让所有人都能接触摄影，并且凭着让相机变得便宜、便携又能随兴使用，创造了以照片记录家人回忆的生活方式。

现在，我们很少有人会买胶卷底片了，因为传统摄影已经由数字科技取代，但赛璐珞软片的发明依然是视觉文化史上的转折点。

电影推手

第八场　暗夜惊魂

场景：海厄特的纽约办公室
时间：十年后
人物：海厄特、比尔、夜班警卫

时过午夜，工厂里一片漆黑，只有海厄特二楼办公室的灯还亮着。海厄特正在把弄一台形状怪异的机器，突然听见声响，便抬起头来。

海厄特：是谁？（说完他低头继续把弄机器，但又听见声音）哈喽……有人在那里吗？贝蒂，是你吗？

办公室的门把手缓缓转动，随即门开了。起初不见人影，但比尔突然冒了出来，他整个人喝得醉醺醺的。

比尔：哈，瞧瞧是谁在这儿呀。

海厄特：你是谁？夜班警卫吗？快出去，不准再来打扰我。

比尔：不，我不是夜班警卫，但我一直在留意，留意你。

海厄特：什么意思？（起身）出去，听到没有？

比尔：门儿都没有，你没资格命令我。事实上，我才要命令你呢。（掏出枪指着海厄特）坐下。

海厄特：你要钱的话，我这里什么都没有。钱都在银行里，每天从这里送过去。

比尔：我说坐下。

海厄特：你是谁？

比尔：你杀了我弟弟，所以我想我也该以牙还牙把你杀了。听起来蛮公平的，对吧？所以我算是你的……死刑执行人。

海厄特：你在说什么？我这辈子从没杀过人，你一定搞错了。

比尔：我没搞错。你做的台球杀了我弟弟。我花了不少工夫才查到你，他已经被炸死十年了……但我还是找到你了。

海厄特：的确，我是听说有人在酒吧里打台球时被我做的台球炸死。但那是意外，不是我的错。我又不在场！

比尔：是你的错！全都是你的错！闭嘴！我要了结这一切。（指着楼下工厂）那东西是非自然的——所以我弟弟才会丧命。你操弄自然，把那愚蠢的塑料散播得到处都是，让人以为它和象牙一样值钱，好从喜欢小首饰的女人那里骗钱，愚弄了社会大众，但我才不会上当。你别想用那愚蠢的塑料假牙糊弄我。一定要有人出面阻止这一切。那人就是我。

海厄特：拜托，求你别杀我。请听我说，拜托。你讨厌的这东西，我是说塑料，它就要对你和所有人做出无法比拟的贡献了。它会让你们的生活不朽！甚至把你变成神祇——这是我亲眼见到的！

比尔：你到底在说什么？又是胡说八道！

海厄特：已经解决它的感光问题了！你还没看过电影吗？就是在大银幕上播放的故事呀！内容就是像你这种英雄和牛仔决斗，抢夺西部！城里的人都排队抢着看。这些全是这个透明柔软的材料的功劳，其他材料都做不到。人类讲故事的方式再也不一样了。瞧，我这里有一台放映机，我正要放电影带子进去。我现在就示范给你看。

比尔：不要，你在胡说八道，完全是——

比尔身后亮光一闪，跟着是人的脚步声。夜班警卫拎着提灯出现了。

夜班警卫：一切正常吗，海厄特先生？我听见有人在吼。

比尔转身就逃，把夜班警卫撞倒在地。提灯应声碎裂，裸露的火焰点燃了一桶废弃的赛璐珞胶卷，引发熊熊大火。海厄特和警卫拼着命灭火，但工作台和旁边的箱子里放了太多易燃的赛璐珞，火势很快失去控制。两人匆匆逃离火场，只能眼睁睁看着工厂付之一炬。

第八场注释

赛璐珞促成了胶卷的发明，胶卷则催生了电影科技。人类在百年前就已经知道，连续呈现小幅变化的影像可以创造影像"在动"的效果，但在透明柔软的材料发明前，我们只有滚筒状的跑马灯能用。赛璐珞改变了一切，它可以把连续的影像留存在同一卷胶片上，然后快速播放，创造出动态的效果。这不仅能让电影播放更长的故事，而且可以把影像向外投射，让一群人同时观赏。这就是卢米埃尔兄弟的灵感，也是戏院的起源。

下面这张"黑帮"合照摄于1900年，地点是美国得州佛特沃斯市。"黑帮"是一群以卡西迪（Butch Cassidy）为首、恶名昭彰的火车大盗，他们的行径充分展现了我们现在对美国西部拓荒时代的印象：一个为非作歹、充满暴力的时代，却又伴随着各种现代科技的发明，如火车、汽车和飞机，当然还有塑料。要不是1969年那部由保罗·纽曼饰演卡西迪、罗伯特·雷德福饰演圣丹斯小子的电影太卖座，这帮匪徒的行径早已被人遗忘。这部电影是用赛璐珞软片拍的，和许多西部片一样永远记下了（也浪漫化了）赛璐珞问世前的那个风云时代。

塑料家族在赛璐珞之后又出现了电木、尼龙、黑胶和硅胶。这都有赖于赛璐珞带来的创造力，而塑料也对我们的文化产生了深远的冲击。电木成为可以塑形的木头替代品。当时，电话、电视和收

音机刚刚发明，正需要新材质来展现这些发明的摩登感。尼龙的圆滑柔顺攻占了时装业，取代真丝成为女性袜子的材质，而且衍生出一系列全新织料，像是莱卡和聚氯乙烯，以及一批称为"弹性体"的材质，让我们的衣服和裤子不会松垮或松脱。黑胶改变了音乐，也改变了我们录制和聆听音乐的方式，更创造了摇滚明星。至于硅胶嘛……硅胶开创了整形外科，让人得以把想象变为现实。

没有塑料，《虎豹小霸王》不会存在，所有电影都不会出现。下午场电影当然也一样，戏院也不例外。我们的影像文化将和现在非常不同。所以，虽然我也讨厌过度包装，但我希望各位读到这里已经明白，就算糖果包装纸在别的地方都不是那么无害，也都不被欣赏，但它在戏院里应该受到好好的对待。

全剧终

第七章　透明的玻璃

glass
玻璃

2001 年，我在西班牙安达鲁西亚的乡间小路上曾经见过一幅令人心醉神驰的景象。我开车经过当地四处可见的橄榄园，树木从我两旁飞逝，我不停瞥见低矮的橄榄树排成完美的直线，有如陈年默片从我眼前闪过，感觉就像那些古老的橄榄树对我施了魔法，让我忘记了旅途的无聊与闷热。

无数次惊鸿一瞥中，那树木成排延伸到天际的景象让人沉迷。我看看前方的道路，看看两旁的魔幻景象，看看路，又看看两旁，结果撞上了一辆拖拉机。

我到现在还是不晓得拖拉机是怎么出现在我的前方的。我猛踩刹车，整个人从座椅上冲向挡风玻璃。我还记得撞到玻璃瞬间的触感。玻璃应声碎裂，我突然定格，宛如撞到一堵透明的姜饼墙。

沙是岩石经过风吹雨打、海浪冲击或其他侵蚀作用，剥落形成的碎屑混合而成的微粒。抓一把沙起来仔细观察，你会发现许多沙砾都由石英组成。石英是二氧化硅结晶，种类繁多，因为氧和硅是地壳中含量最多的两个元素，化合后会形成二氧化硅（SiO_2）。简单来说，石英结晶就是二氧化硅的规则排列，如同冰晶是水分子的规则排列、铁是铁原子的规则排列一样。

石英受热会让硅、氧原子得到能量开始震荡，但它们在某个温度之前都无法挣脱晶格的束缚，这就是固体之所以为固体的原因。当原子持续受热震荡到一个临界值，即熔点，原子就会有足够的能量挣脱键结，开始自由迁移，成为液态的二氧化硅。冰晶融化为液态水时，水分子也是如此变化的。不过，水分子和二氧化硅分子有很大的不同。

液态水一旦降温，水分子会立刻结晶为冰。事实上，这个结晶反应几乎无法阻止：从冰箱冷冻库结的霜到山上的白雪，都是水再结晶为冰的例子，而雪花的精致结构就来自水分子的对称排列。我们可以不断重复融化和结晶的过程，冰晶也会反复形成。但二氧化硅就不同了。液态二氧化硅冷却时很难再形成结晶，感觉就像二氧化硅忘了怎么变为结晶似的：哪个原子该在哪里，谁该排在谁的旁边，对这些原子来说，似乎都变成了难题。二氧化硅液体冷却时，

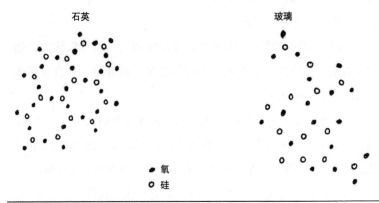

石英　　　　　　　　　　　　玻璃

● 氧
○ 硅

●硅石（石英）的规则结晶构造和玻璃的不规则构造比较图

原子能量越来越少，越来越难移动，使得情况更是雪上加霜，原子更难回到组成结晶的正确位置，结果就是生成具有液态结构的二氧化硅固体，也就是玻璃。

由于二氧化硅无法结晶就能形成玻璃，你可能因此觉得玻璃做起来很容易，但其实不然。在沙漠里点一堆火，要是风势够大，可能会有沙子熔化，成为半透明的黏稠液体。这液体冷却后确实会硬化成为玻璃，但几乎都会含有大量未熔化的沙粒，外观有如棕色的鳞片，而且很快就会瓦解，再次变为沙粒。

这种做法有两个问题。首先是大多数沙子里的矿物组成都不对，无法做出好的玻璃。棕色在化学上是不好的预兆，表示含有杂质。颜料也一样，随意混色不会得到纯色，只会产生棕灰的色调。有些添加物（如碳酸钠，也就是所谓的助熔剂）能促进玻璃生成，但大多数添加物都没有这个能力。沙子虽然富含石英，却也含有风吹雨打带来的各种物质，实在可惜。不过，就算沙子的矿物成分和比例正确，也会遇到第二个问题，就是熔点需要高达1200℃左右，比一般火焰的700℃～800℃还高。

高温闪电造玻璃

闪电可以解决这个问题。闪电击中沙漠会产生超过10 000℃的高温，不仅熔化沙子绰绰有余，而且能让沙子变成称为硅管石或闪电熔岩的玻璃柱。这些玻璃柱色如焦炭，状似闪电，令人想起雷神托尔发怒射出的雷霆，因此硅管石的拉丁字源（*fulgur*）意思就是"闪电"。闪电熔岩因为是中空的，所以重量极轻，它的外层坚硬，内层是光滑的中空管状构造。最先遭闪电击中的沙子受高热蒸发，因此形成中空，中空孔洞向外传热，先把沙子熔化，形成光滑的玻璃层，而再往外传的温度只能让沙子熔合在一起，于是形成粗糙的边缘。闪电熔岩的颜色取决于沙子的组成元素，从灰黑色到半透明的都有。石英沙漠的闪电熔岩就是半透明的。闪电熔岩最长可达15米，非常易碎，因为主体几乎都是轻度熔合的沙子。过去，民众只把闪电熔岩当成新奇古怪的东西，直到最近才改观。闪电熔岩生成的瞬间会锁住空气，形成气泡，使得远古的闪电熔岩成为很有用的史料，让研究全球气候变暖的科学家可以通过这些气泡，掌握沙漠过去的气候变化。

利比亚沙漠有一个地区的沙子特别白，几乎完全由石英组成。这里找到的硅管石非常接近晶莹剔透的现代玻璃，一点也不像脏兮兮的闪电熔岩。

●在利比亚沙漠发现的闪电熔岩

古埃及图坦卡蒙王木乃伊上的圣甲虫首饰就有一块这样的沙漠玻璃。我们知道这块玻璃不是古埃及人制作的，因为最近研究发现它有2600万年的历史。目前已知只有一种物质跟它类似，就是1945年美国新墨西哥州白沙导弹靶场核试爆时产生的玻璃石。由于利比亚沙漠在2600万年前没有核爆，而生成如此纯净的玻璃需要极高的温度，因此目前认为它的产生应该是陨石撞击产生的巨大能量所致。

所以，不靠陨石撞击或核弹爆炸，我们要如何做出现代的窗户、眼镜和酒杯用的那种玻璃呢？

罗马人的科学智慧

虽然古埃及人和古希腊人都对玻璃制造有所贡献，不过真正让玻璃走入日常生活的还是古罗马人，是他们发现了"助熔剂"的妙用。他们使用的助熔剂是泡碱，一种天然生成的碳酸钠。泡碱让古罗马人制作透明玻璃的温度低了许多，不再需要加热到足以熔化纯石英的温度。他们选择的制造地点有成分正确的原料以及温度够高的窑炉，在那里大量制造玻璃，再用四通八达的贸易网络把产品运往古罗马帝国各地，供工匠制作成各种用品。这些做法并不稀奇，过去就有人做过，但根据古罗马史家老普林尼的说法，古罗马人让玻璃变得廉价，使它首次成为寻常百姓也能使用的物品。

古罗马人非常喜欢玻璃，从各种充满创意的使用方式可以看出他们热爱的程度，例如玻璃窗就是他们发明的。古罗马之前，窗户都是直接开着的 [英文的"窗户"（window）原意是"风眼"]，虽然有些窗户会加装百叶窗或窗帘遮风挡雨，但以透明材料作为保护还是前所未有的创举。但显然当时的窗玻璃都很小，而且必须用铅焊接，因为古罗马人还没有能力制作大面玻璃。不过，他们却开

●古埃及图坦卡蒙王木乃伊上的圣甲虫首饰，中央的宝石就是沙漠玻璃

启了人类把玻璃用于建筑的热潮，至今依然热度不减。

透明玻璃问世之前，镜子都是通过将金属表面高度抛光制成的。古罗马人发现，在金属上加一层透明玻璃，不仅能保护金属表面不受刮损和腐蚀，还能减少金属的用量，只需一毫米厚即可。这使得镜子的造价大幅降低，并增加了效用和寿命，直到今日，这依然是大多数镜子的基本制作方法。

古罗马人的玻璃工艺可不止于此。公元1世纪以前，玻璃制品都是熔化玻璃砂再灌模做成的。粗糙的玻璃制品使用这种方法绰绰有余，但想制作更精致的物品就很费功夫了。例如制作薄酒杯时，模腔必须够细，但浓稠的玻璃熔浆很难灌入细的模腔。古罗马人发现固态玻璃只要加热到一定程度，就会像塑料一样容易塑形，用铁钳夹着就能在玻璃冷却前拉出各种形状，甚至能在玻璃红热时吹气进去，冷却后形成完美的玻璃泡泡。凭着玻璃吹制技术，古罗马人终于能做出精致和复杂程度前所未有的薄壁酒杯。

玻璃发明之前，酒杯都是金属、兽角或陶瓷做成的不透明容器，欣赏美酒完全得靠味觉。玻璃酒杯发明后，酒的色泽、透明度和亮度也变得重要起来。看得到自己在喝什么，对我们来说稀松平常，对古罗马人却是全新的体验，他们爱极了这种视觉享受。

　　古罗马酒杯已经是当时人类技术和文明之冠，不过比起现代酒杯还是相形见绌多了。当时的问题是，玻璃内含大量气泡，不仅破坏美感，而且会严重削弱玻璃强度。无论杯子互碰或不慎摔到地上，物质受力时都会把力分摊给各个原子以吸收外压，减少单一原子的受力，无法负荷的原子会脱离原本的位置，形成裂痕。气泡和裂痕所在的原子，周边原子较少，无法靠周边原子拉住它们或分散受力，因此更容易脱离原本的位置。玻璃摔碎是因为外力太大，玻璃内部发生连锁反应，某原子脱离原位会连带拉走周边的原子。外力越大，发生连锁反应所需的气泡或裂痕就越小。换句话说，玻璃里的气泡越大，酒杯就越禁不起撞击。

中国人独缺的发明

　　或许因为玻璃实在太脆弱了，所以制造玻璃的技术在古罗马人取得大幅跃进之后，便停滞不前。中国人也懂得制作玻璃，甚至曾买卖古罗马人的玻璃，却没有继续发展玻璃制作技术。这一点颇令人意外，因为在罗马帝国瓦解后，中国人的材料技术发展领先了西方世界足足一千年。他们在纸、木材、陶瓷和金属的发展上都是专家，却独独忽略了玻璃。

　　相较之下，西方由于酒杯曾经风骚一时，所以西方人对玻璃始终带有一分尊敬与欣赏，导致其文化深受影响。透明防水的玻璃窗不仅能让光线进入又能遮风避雨，在欧洲实在有用，很难被忽略，天气较冷的北欧尤其如此。不过，欧洲人起初只能做出小面的坚固透明玻璃，幸好可以用铅接合成大面玻璃，甚至可以上釉着色。彩绘和花窗玻璃成为财富和文化的象征，更彻底改写了欧洲教堂建筑。为教堂制作花窗玻璃的工匠，逐渐获得和石匠同等的地位，备受敬重，新的上釉技术也在欧洲得到蓬勃发展。

19世纪之前，东方人一直忽视玻璃。日本和中国的房子主要使用纸窗，虽然效果良好，却造就了不同于西方人的建筑风格。

由于缺乏玻璃制作技术，因此东方就算工艺发达，也未能发明望远镜和显微镜，这些物品都要等到西方传教士传入时，东方人才得以接触。当时，中国工艺技术遥遥领先，实在无法判断，是否因为少了这两项关键的光学仪器，才未能如17世纪的西方般更进一步发生科学革命。

但清楚的是，没有望远镜，我们就不可能看见木星的卫星，也不可能看见冥王星并做出关键的天文测量，更不能奠定我们现在对宇宙的理解。同理，没有显微镜，我们就不可能看见细菌之类的微生物，也不可能系统地研究微观世界，发展医疗和各种工程技术。

玻璃透光的奥秘

玻璃为何如此神奇，竟然会是透明的？光为何能穿透这种固体，其他物质为何无法让光穿过？玻璃的组成原子明明和沙子一模一样，为什么沙子不透明，玻璃却能透光和屈折光线？

玻璃（和其他一些材料）是由硅原子和氧原子组成的。原子中央为原子核，包含质子和中子，周围是数量不一的电子。比起原子的尺寸，原子核和电子都微不足道。假设原子是一座体育场，原子核就是场中央的一颗豆子，电子就是周围看台上的沙粒。因此，原

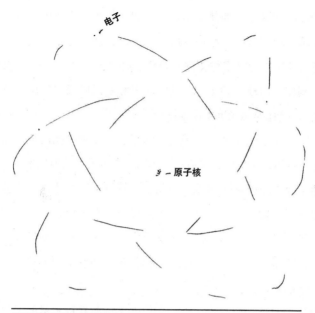

電子

原子核

●原子的内部几乎都是空的

子内部（应该说所有物质内部）几乎都是空的。换句话说，原子应该有许多空隙能让光穿透，不会撞到电子或原子核，而事实也是如此。因此，真正的问题其实不是"玻璃为什么是透明的"，而是"为何不是所有物质都是透明的"。

让我们继续使用体育场的比喻。在原子体育场内，电子只能占据看台上的某些位子，就好像大多数座位都移走了，只剩下几排留着，而每个电子只能待在指定好的某一排。电子若想升级到更好的位子，就得多付钱，而所谓的钱就是能量。光穿透原子时会带来大量能量，只要能量够，电子就会用它升级到更好的位子，也就是会把光吸收，使光无法穿透物质。

不过，事情还另有蹊跷。光的能量必须恰到好处，让电子可以从现在的位子跳到其他空位上。能量太小，拿不到前一排的位子（也就是到前一排所需的能量太高），电子就无法升级，光也就不会被吸

136

收。电子必须取得恰到好处的能量，才能在不同排的位子（称为能级）之间移动，这是原子世界的基本法则，称为量子力学。排与排之间的落差是特定的能量值，这称为量子化。

玻璃里的量子排列方式与众不同，使得移动到空位的能量高于可见光，因此可见光无法让电子升级座位，于是能直接穿过原子。这就是玻璃透明的原因。然而，紫外线之类的高能光就能让电子升级，因此无法穿透玻璃。这就是玻璃能防晒的原因，因为紫外线根本无法穿透玻璃碰到我们。而木头和石块之类的不透明材质，拥有大量的便宜座位，因此可见光和紫外线都很容易被吸收。

就算光没被玻璃吸收，穿过原子时还是会受到影响而减慢速度，直到穿出玻璃的另一面后才会恢复原速。光以斜角进入玻璃时，光的各组成元素（单色光）进出玻璃的时间不同，使得各色光在玻璃内的前进速度产生差异。这个速度差会让光折屈，也就是折射。光学镜片就是依据折射原理制作的。镜面弧曲会让不同角度的入射光以不同角度折射，只要控制镜面曲度就能放大影像，让人类得以制作显微镜和望远镜，也让戴眼镜的人能看清楚东西。

玻璃推动科学进步

控制镜面曲度的更深远影响，是让光变成了可实验的对象。玻璃工匠在几百年前就已经发现，阳光以某个角度穿透玻璃时，会在墙上形成迷你彩虹，却一直无法解释其原因，只能看图说故事，推断颜色是在玻璃内形成的。直到1666年，科学家牛顿发现看图说故事是错的，并提出正确的解释，世人才终于明白背后的道理。

牛顿的天才之处在于发现棱镜不仅能让"白光"变成七彩色光，而且能反转整个过程，把七色光恢复为白光。于是他推论，玻璃产生的七种色光其实一开始就在光里。这些色光混成一道光线，从太阳直射而来，进入玻璃后才又各自分散。光穿透水滴会产生迷你彩虹，也是同样的道理，因为水也是透明的。牛顿就这样一举破解了彩虹的秘密，成为提出彩虹原理的第一人。

利用实验替彩虹找出合理的解释，不仅展现了科学思考的威力，而且凸显了玻璃对科学实验及破解宇宙奥秘的贡献。玻璃的功劳可不仅限于光学，化学更是因它而改头换面，得到的帮助比任何学科都大。只要走一趟化学实验室，我们就能明白，玻璃的透明与惰性，让它非常适合用来混合化学物质和观察反应。在玻璃试管发明之前，化学反应都在不透明的烧杯里进行，因此很难看到过程中发生的变化。有了玻璃这种材质，尤其是耐热玻璃问世之后，化学总算进阶成为一门有系统的科学。

耐热玻璃是加了氧化硼的玻璃。氧化硼分子和二氧化硅分子一样，很难形成结晶，更重要的是，玻璃加了它会抑制热胀冷缩。玻璃温度不均时，不同部位的胀缩速率不同，会彼此挤压，在玻璃内部形成应力，产生裂痕最后导致破裂。要是玻璃瓶里装的是沸腾的硫酸，瓶子碎裂还可能导致人残疾甚至死亡。硼硅玻璃的出现让玻璃的热胀冷缩从此绝迹，也连带去除了应力，让化学家可以随意加热或冷却化学物质，专心研究化学现象，而不必担心可能产生的热冲击。

玻璃还让化学家只用喷灯就能弯曲试管，制作复杂的化学器具（例如蒸馏瓶和气密容器）也容易许多，让他们可以随心所欲地搜集气体、控制液体和进行化学实验。玻璃器材是化学家最听话的仆人，好用到专业的化学实验室都至少有一台吹玻璃机。有多少诺贝尔奖是玻璃从旁边推了一把？又有多少现代发明萌生于小小的试管里？

玻璃制作技术是否推动了17世纪的科学革命，两者是不是简单的因果关系，目前还未有定论。玻璃看来更像是必要条件，而非充分条件。但有一点毋庸置疑，就是东方忽视了玻璃整整1000年，而玻璃却在这段时间彻底成了改变欧洲人的重要物品。

玻璃揭开啤酒的面纱

虽然有钱人几百年前就开始用玻璃杯喝红酒，但啤酒直到19世纪之前，都还是用不透明的容器（如瓷杯、锡杯和木杯等）来饮用的。由于大多数人都看不见自己喝的酒是什么颜色，因此他们只在乎啤酒的味道，对啤酒的色泽也就不太在意。

当时，啤酒大多是深棕色且很浑浊，但到了1840年，现属捷克的波西米亚地区发明了大量制造玻璃的方法，使玻璃的造价降低许多，于是啤酒都能用玻璃杯盛装。

酒客终于见到自己喝的啤酒是什么模样，结果却常常大失所望：所谓的顶层发酵啤酒不仅味道各异，而且颜色和透明度也不一样。但不出十年，捷克的皮尔森地区就开发出了色泽较淡的底层发酵啤酒，外观金黄澄澈，而且和香槟一样也有气泡。这就是窖藏啤酒。窖藏啤酒不仅好喝，而且好看，它的金黄色泽也一直延续到现在。颇有讽刺意味的是，这么适合用玻璃杯品尝的啤酒，现代人却几乎都用铝罐喝，而一般人常用玻璃杯喝的啤酒，反倒是最不透明的啤酒。它是玻璃杯出现之前就有的古董：健力士黑啤酒。

用玻璃杯喝啤酒还有一个意料之外的副作用。据英国政府统计，每年遭到酒杯或酒瓶攻击的人数超过五千，消耗医疗费用超过二十亿英镑。虽然不少酒馆和夜店尝试过许多种塑料杯，这些塑料杯虽然同样透明坚固，却始终不成气候。

用塑料杯喝啤酒跟用玻璃杯喝，感觉完全不同。塑料不仅味道不同，而且热传导系数较低，使它在口中的感觉比玻璃温暖，降低了畅饮冰啤酒的快感。此外，塑料还比玻璃柔软许多，因此很快就会失去光泽、满布刮痕、不再透明，不仅会遮住啤酒的亮眼色泽，而且会让我们产生杯子不干净的观感。玻璃的一大魅力就是它外表晶莹剔透，就算有脏污看起来也仿佛很干净，让我们愿意接受集体催眠，不会去想这酒杯可能一小时前被别人的嘴碰过。

发明耐刮塑料是材料科学的一大目标。有了它，我们就能制造更轻的窗户供飞机、火车和汽车使用，也能制造更轻的手机屏幕，但目前还完全见不到任何可能。不过，我们倒是发现了另一个解决方法，不是找东西取代玻璃，而是让玻璃更安全。

这种玻璃称为强化玻璃，是汽车工业的发明，目的是减少发生车祸时因玻璃碎片造成的死伤。不过，它的科学起源来自17世纪40年代一个有名的奇珍异宝，叫"鲁珀特之泪"。鲁珀特之泪是泪滴状的玻璃，圆滑的底端能耐高压，尖锐的顶端只要稍有损伤就会爆裂。它的制作非常简单，只要把一小滴玻璃熔浆滴入水中就行了。

●用玻璃杯盛放的啤酒

玻璃熔浆滴入水后会急速降温，使得表层收缩，所有原子往内压挤，裂缝因此很难形成。因为只要出现裂隙，挤压的力道就会把裂隙压平。如此一来，玻璃表层就变得非常坚硬，用铁锤猛敲也不会碎裂，实在很不可思议。

粉身碎骨保安全

然而依照物理定律，为了维持表层的压应力，玻璃内部必须有大小相等、方向相反的"张应力"，因此泪滴中央的原子便受到极高的张力，彼此向外拉开，感觉就像随时就要引燃的小型火药库。只要表层应力稍不平衡，例如尖端稍微凹陷，整颗泪滴就会发生连锁反应，让内部的高张力原子全部瞬间弹回原位，使玻璃炸成碎片。这些碎片锋利得可以割伤人，但小到不会造成大碍。因此要让挡风玻璃拥有同样的性质其实很简单，只要找到方法迅速冷却玻璃表层，产生如同鲁珀特之泪的压应力即可。依据这个原理制作出来的强化玻璃已经拯救了无数生命，靠的正是它在车祸时碎成数百万个小碎片的能力。

近几年来，玻璃变得更加安全。我在西班牙撞到的挡风玻璃是最新一代的安全玻璃，称为胶合玻璃。说它是最新的安全玻璃，是因为它虽然跟鲁珀特之泪一样碎得很厉害，形状却仍保持完整，即使我和它同时飞越引擎盖摔到柏油路上，它依然是完整的一片。

这种新型强化玻璃中间夹了一层塑料，有如黏胶般让玻璃碎了也不会散裂。这层塑料称为夹层，也是防弹玻璃的原理，只是防弹玻璃夹了不止一层塑料。子弹击中防弹玻璃时，最外层的玻璃会立刻碎裂，吸收掉子弹的部分能量并让弹头变钝。子弹必须推着玻璃碎片穿透底下的塑料夹层，而夹层则有如流动的糖蜜，把冲击力分散到更大的面积，而非集中在一个点上。就算子弹顺利穿透夹层，它会遭遇另一层玻璃，一切经历又得再来一次。

玻璃和塑料夹层越多，防弹玻璃就越能吸收能量。一道夹层能阻挡住九毫米口径手枪的子弹，三道夹层能阻挡点四四马格南手枪的子弹，八道夹层可以承受AK-47步枪的攻击。

当然，如果玻璃能防弹却不透明，其实没什么意义，因此真正的难题不在夹层，而在于让塑料和玻璃的折射系数吻合，好让光线穿透两者时不会弯折太多。这种安全玻璃需要精密技术，因此造价昂贵，但越来越多人愿意花钱买心安，这使得胶合玻璃开始随处可见，不仅装在车上，而且出现在现代都市的各个角落，让都市越来越像玻璃宫殿。

2011年夏天，英国许多市区发生暴动。我看着电视画面，不由自主地察觉到这些暴动和我过去看到的都不同。攻击者用砖头不再能次次都砸碎玻璃，因为许多店家都改装了强化安全玻璃。这股潮流应该会继续蔓延，店家不仅用玻璃来保护物品，而且也用它保护自己。之前也有人提议使用胶合玻璃制作啤酒杯，希望借此遏止酒吧和夜店里的客人拿酒杯当武器。

透过玻璃看见世界

现在我们已经无法想象，若少了玻璃，现代城市会是什么模样。我们一方面希望建筑物能帮我们遮风挡雨，毕竟这就是建筑物的作用，但另一方面，每当谈到新家或工作场所时，许多人第一个问的问题就是，采光如何？现代都市里每天蹿起的玻璃建筑，正是工程师面对这个两难所做出的解答，玻璃既能为我们抵挡风雨和严寒，不受小偷和外力侵犯，又能让我们不必委屈自己生活在漆黑的环境

●商店精美的橱窗

中。许多人每天大多数时间都在建筑物里度过，是玻璃让我们的室内生活明亮、愉快。玻璃窗成为乐于迎接顾客的象征，也代表生意往来开放且实在。没有橱窗的店面根本不算店面。

玻璃还对我们如何看待自己贡献良多。你或许在光滑的金属表面或池塘边见过自己的倒影，但对我们大多数人来说，玻璃镜子才是自我形象最后、最亲密的裁判。就连照片和录像画面也是透过镜片才得以记录下来的。

有人常说，地球上已经找不到多少地方是人迹未至的了，但这么说的人往往只想到肉眼可见的世界。只要拿起放大镜到家里任何一个角落,你就会发现一个全新的世界正等着你探索。强力显微镜会带你进入另一个世界,里头充满各种稀奇古怪的微生物,而望远镜会带你一窥宇宙和其中蕴含的无限可能。蚂蚁在蚂蚁的世界构筑城市,细菌在细菌的国度造桥铺路,人的世界、城市与文明一点也不特别,只有一点与众不同,就是我们拥有的一种材料,可以让我们超越人的尺度,那就是玻璃。

玻璃让这一切成为可能,我们却对它缺乏感情。世人很少像对木头地板或铸铁结构火车站一样讴歌玻璃,也很少轻抚双层隔热窗户欣赏它的质感。这也许是因为玻璃本质上是毫无特色的材质,它光滑、透明而冰冷,少了几分人味。人类更喜欢色彩丰富、细致、精巧或奇形怪状的玻璃,只是这种玻璃往往中看不中用。最有用的玻璃,是我们用来建构现代城市的玻璃,它总是又平又厚,而且完全透明,却也最不讨喜、最难认识,因为它最隐形。

玻璃对人类的历史和生活如此重要,却未能赢得我们的喜爱。打碎玻璃的感觉是惊吓、气恼与疼痛,就像我在西班牙出车祸时那样,但我们却不会觉得自己打碎了什么贵重物品。我们只担心自己,心想反正玻璃再换就好。也许正是因为我们总是看穿它而不是看到它,玻璃才始终无法成为我们生活中备受珍惜的事物。它受人重视的特质正好让它得不到我们的钟爱。玻璃不仅在光的世界潜形匿迹,而且在我们的文化中隐而不现。

第八章　坚不可摧的碳材料

graphite
石墨

　　我小时候第一次上美术课时，老师巴灵顿先生告诉我们，眼睛所见的东西都是由原子组成的。所有东西。只要明白这一点，我们就踏出了成为艺术家的第一步。教室里鸦雀无声。他问我们有没有什么问题，但所有人都愣住了，怀疑自己是不是走错了教室。巴灵顿先生继续讲他的《美术概论》，他在墙上贴了一张纸，拿起铅笔在纸上画了一个正圆。同学们开始兴奋起来，同时松了一口气。我们应该没有走错教室。

巴灵顿先生说："我把原子从铅笔转到了纸上。"说完，他开始大谈石墨炭笔多么适合当成艺术表现的工具。"重点是，"他说，"虽然我们的文化推崇钻石为最高阶的碳，但其实它根本无法做出深刻的表现。钻石跟石墨不同，钻石从来不曾创造出好的艺术。"我不难想象他对艺术家达米恩·赫斯特价值五千万英镑的镶钻骷髅头作品《献给上帝之爱》会给出什么评价。

不过，巴灵顿先生认为钻石和石墨这两种碳是彼此为敌的，这可是一点也没错。一边是漆黑、实用又适合表达的石墨，一边是崇高、冰冷、坚硬而闪耀的钻石，双方从远古一直缠斗至今。就文化价值而言，钻石长期霸占赢家宝座，但局势可能就要改变了。我们对石墨的内部构造有了新的理解，使它成了令人惊叹的事物。

就在美术老师让我接触到石墨的三十年后，我来到曼彻斯特大学物理系三楼一间以日光灯照明的办公室，跟全球顶尖的碳专家海姆（Andre Geim）教授见了面。我真希望他和巴灵顿先生一样，只用石墨当表达工具。可惜他拉开书桌抽屉时，里面满满的都是圆珠笔和马克笔。海姆讲话带着浓浓的俄国口音，他对我说："正圆是不存在的，米奥多尼克。"我突然不晓得他有没有听懂刚才那段往事的重点。接着，他从抽屉拿出一个红色皮制展示匣说："你看一下，我去冲咖啡。"

展示匣里是一枚饼干大小的纯金金牌，上头刻着某个男人的浮雕像。我把金牌拿在手里掂了掂，发现它的金属感很重。纯金是金属世界里的全脂奶油，但我没想到色泽这么晦暗，我吓了一跳。金牌上的浮雕像是诺贝尔，还有一行小字叙述海姆的研究团队赢得了2010年的诺贝尔物理学奖，表彰他在石墨烯研究上作出的重大突破。石墨烯是一种二维石墨，也是材料世界的惊奇之作。我一边等海姆拿咖啡回来，一边沉思他刚才的奇怪答复。难道他是在暗示过去10年的碳研究让他兜了一大圈，结果却没回到原点？

碳是轻量原子，质子数为6，碳原子核内通常有六个中子，有时为八个，但这种名为碳-14的碳原子，原子核极不稳定，会因放射性衰变而裂解。由于衰变率长时间恒定，加上许多物质都含有碳-14，因此测量物质内的碳-14含量就能推算该物质的年龄。这种科学方法称为碳定年法，比其他方法更能帮助我们掌握远古事件。巨石阵、都灵裹尸布和死海古卷都是靠碳-14确定年代的。

撇开放射性不谈，对碳而言，原子核的重要性不大。就碳的其他性质和表现来看，环绕和屏障碳原子核的六个电子才是关键。其中，两个电子位于接近原子核的内层，对碳原子的化学性质毫无影响，也就是跟碳和其他元素的反应无关。剩下的四个电子位于最外层，性质活跃。就是这四个电子，让铅笔的石墨笔芯和订婚戒指的钻石大不相同。

钻石是最昂贵的碳结构

碳原子有很多选择，最简单的就是把四个电子跟另一个碳原子分享，形成四个化学键。这可以化解四个电子的活性，每个电子都有来自另一个碳原子的电子与之配对，形成非常稳固的晶体结构，也就是钻石。

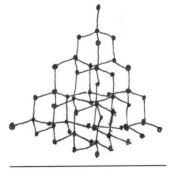

●钻石的晶体结构

目前，人类发现的最大钻石位于银河系巨蛇座的巨蛇头，它是脉冲星PSR J1719-1438的卫星，体积为地球的五倍。相较之下，地球的钻石小得可怜，最大也只跟足球差不多，这颗钻石来自南非卡利南矿场，于1907年献给英王爱德华七世祝寿，目前属于英国王室的加冕珠宝。这枚钻石在地表下极深处形成——大约是地底三百公里，经过数十亿年的高温高压才从纯碳巨岩变成钻石，之后应该是由火山喷发带到地表，默默蛰伏了数百万年才被人类在矿坑里发现。

我小时候经常被拎去博物馆，参观某某馆或某某院，而我不管去哪一馆哪一院，都觉得很无聊。我试着模仿大人的动作，带着若有所思的神情在馆里默默走动，或站在某一幅绘画或一尊雕塑前沉思，可惜没用，一点儿感觉或收获都没有。但去参观加冕珠宝就不同了，我一进去就迷上了，感觉就像进了阿拉丁的宝库。金饰和珠宝仿佛在对我说话，比艺术更基本、更原始，一股虔敬之情在我心中油然而生。事后回想起来，我觉得震撼我的不是金银财富，而是那纯粹的物质性。

一大群参观者挤在"非洲之星"（卡利南矿场那枚全球最大的钻石切割完成后，命名为非洲之星）前面，光是瞥见它一眼，我就永生难忘。即使有一个身穿潮湿格子衬衫的大块头男人和一个喷个不停的印度妇人挡在我前面，让我只能从那男人的腋下看到，依然让我印象深刻。在场有印度妇人也实在巧合，因为我后来看我父亲的百科全书时才发现，印度过去是钻石的唯一来源地，直到18世纪中叶其他地区（尤其是南非）也发现了钻石，印度才失去独占地位。

事实上，每颗钻石都是一整块单晶。一颗钻石通常含有大约一千万亿亿（1 000 000 000 000 000 000 000 000）个原子，排列组合成完美的金字塔结构。就是这个结构让钻石拥有如此特别的性质。电子在这个结构中被牢牢锁住，非常稳固，因此钻石才会以硬度著称。钻石很透明，但色散率高得出奇，所以会让入射光分解为七色，产生耀眼的七彩光辉。

极度坚硬加上色泽晶莹，让钻石成为几近完美的宝石。因为硬度高，所以钻石几乎不会遭任何东西刮伤，可以永远保持切面完整、亮度无瑕，能终生佩戴，甚至能经受文明更迭。无论晴雨，在大风沙或丛林中佩戴，甚至洗衣时戴着，统统都不用害怕。人类早在远古时代就知道钻石是世界上最坚硬的材质。钻石的英文"diamond"，源自古希腊文"adamas"，意思就是"不可改变"和"不会碎裂"的。

潇洒的钻石大盗

把卡利南钻石安全运回英国是一项艰巨的挑战，因为南非挖到史上最大未加工钻石的消息早已在报纸上大肆传开。所有恶名昭彰的匪徒都有可能对钻石下手，包括抢过一整船钻石的大盗沃斯（Adam Worth）。福尔摩斯的死对头莫里亚蒂教授，就是以沃斯为灵感创造出的人物。最后，运送者想出了一个足以媲美福尔摩斯的天才计划。他们派出重兵用汽船运送假钻石，再把真钻石用简单的棕色纸箱装好寄回英国。

这套计谋能够奏效，得归功于钻石的另一项特点：因为它只由碳组成，所以重量极轻。卡利南钻石整颗的重量不过半公斤多一点。

沃斯并非唯一觊觎钻石的人。由于有钱人越来越爱收藏巨钻，因此飞贼这种新型的罪犯应运而生。钻石质轻价高，就算只偷到弹珠大小的钻石也能让人终生衣食无虞，而且钻石一旦失窃，就几乎再也追不回来。相较之下，我就算偷了海姆的奖牌熔成金块，顶多也只能卖个几千英镑。

钻石大盗的形象就和他们偷窃的东西一样，优雅、纯净又有教养。在电影《捉贼记》和《粉红豹》里，钻石都被描绘成受囚禁的公主，而来解救它们的白马王子，白天是名流士绅，夜里是飞天大盗，饰演者都是加里·格兰特或大卫·尼文之类的明星。在这些电影里，偷窃钻石是义举，而钻石大盗手脚轻盈，只要有黑色紧身衣，并熟悉豪宅和藏在名画后面的保险箱就能搞定。然而窃取钱财或黄金的银行抢匪或火车大盗，却被描绘成罪大恶极的人，全是贪婪凶狠之徒。

钻石虽然价值不菲，却从来不曾像黄金一样成为全球货币体系的单位。它不是流动资产，而且确实如此，因为钻石无法熔解，所以也无法货币化。巨钻除了引发赞叹之外毫无用途，最重要的功能只有展现地位。20世纪以前，只有富商巨贾买得起钻石，但欧洲中产阶级兴起后，采钻者看到了诱人的新商机。戴比尔斯公司于1902年掌握了全球90%的钻石产量。对他们来说，如何把钻石推销到更

●钻石恒久远

大的市场，却又不会贬损其价值是最大的难题。

这家公司靠着高明的营销手腕克服了这一点。他们发明了"钻石恒久远"这句广告词，灌输世人唯有钻戒才能表达坚贞的爱情的观念。凡是希望爱人相信自己真心诚意的男人都应该买一只钻戒，而且越贵越能代表真心。

这套营销手法空前成功，让钻戒变成家家户户的必备品。其中，最经典的是007系列电影《金刚钻》用约翰·贝瑞作曲、雪莉·贝西主唱的主题曲，它把钻石一举推向了代表真爱的圣殿。

钻石变石墨

然而，钻石并不久远，至少在地表上无法达到永恒。它的同胞兄弟石墨其实更稳定，钻石最终都会变成石墨，就连收藏在伦敦塔里的"非洲之星"也不例外。虽然得花上几十亿年才会看见钻石的改变，但对拥有钻石的人来说，这或许仍然是令人难过的消息。

石墨的构造跟钻石完全不同，石墨是碳原子以六角形联结成的层状结晶，构造非常稳定坚固，碳原子间的键结强度也高过钻石。考虑到石墨通常被当成润滑剂或铅笔的笔芯，它的碳原子键结强过钻石，还蛮令人意外的。

这个问题不难解释。石墨层内部的每一个碳原子，都跟另外三个碳原子共享四个电子，而钻石内的碳原子则和四个碳原子共享电子。

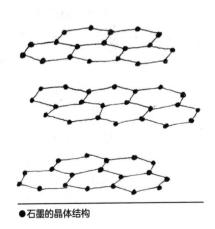

●石墨的晶体结构

这使得石墨层的电子结构跟钻石不同，虽然化学键更强，但缺点就是层与层之间缺乏多余的电子形成稳固的联结，只能靠材料世界的万用胶支撑，它是分子电场变动产生的弱吸引力，称为"范德华力"。蓝丁胶的黏性就来自范德华力。由于受力时范德华力会最先瓦解，因此石墨非常柔软。这就是铅笔的原理。把石墨笔芯压在纸上会让范德华力瓦解，石墨层于是滑到纸上成为字迹。如果范德华力不这么弱，石墨就会比钻石还坚硬。而这正是海姆团队的研究起点。

仔细观察铅笔的石墨笔芯，我们就会发现它是深灰色的，并带有金属光泽，难怪几千年来一直被人误认，称它为"笔铅"或"黑铅"，而"铅"笔也是因此得名。分不清铅和石墨情有可原，因为两者都是软金属（现在改称石墨为半金属）。

由于石墨不断出现新用途，例如非常适合铸造炮弹和枪弹，因此石墨矿也越来越值钱。17世纪和18世纪，石墨在英国贵得出奇，甚至有人挖掘秘密通道潜入矿坑偷取石墨，或是到矿场工作时趁机私下夹带。石墨的价格飙涨，走私和相关犯罪也不断增加，直到英国议会1752年通过立法对窃取石墨者处以重刑，最高可判一年劳役或流放澳大利亚七年，才遏止了这股歪风。1800年，石墨产业的规模更是庞大，所有石墨矿场入口都得由武装警卫站岗以保安全。

石墨有金属光泽，钻石没有，原因同样来自石墨的六角结构。之前提过，钻石内部每个碳原子的四个电子都各有一个外来电子与之键结，因此晶格内的所有原子都被牢牢固定着，且没有"自由"电子。钻石不导电，因为晶格内没有电子可以自由活动以承载电流。然而，石墨内部碳原子的外层电子不仅会和隔壁碳原子的电子键结，而且会形成一片电子的汪洋。这会造成几个结果：首先是石墨可以导电，因为结晶内的电子跟液体一样可以自由活动。其次，爱迪生制作的首盏灯泡就是以石墨为灯丝，因为它的熔点高，就算强力电流通过，也只会散发白热光，不会熔化。而且电子海还是光的电磁跳跃床，会反射光线，使得石墨会如同其他金属一样散发光泽。不过，海姆和他的同伴可不是靠解释石墨的金属性质拿到诺贝尔奖的。这只是他们的研究起点。

碳是地球上所有生物的生命基础。虽然那些碳和石墨差别很大，不过只要燃烧就能轻松变成石墨的六角形结构。木头加热会变成黑炭，面包也是，我们人类遇到火也会变得焦黑。然而，这些都不会产生黑亮的纯石墨，因为产生的石墨层并没有紧密叠合，而是零乱交错。焦黑的物质其实种类繁多，但有一个相同点：它们都含有最稳定的碳结构——六角薄层。

煤炭化为黑玉

19世纪时又有一种焦黑物质蹿起，那就是煤炭。煤炭和烧焦的面包不同，它的碳原子六角形平面结构不是受热产生的，而是腐殖质经过数百万年的地质作用形成的。煤炭最初是泥炭，但在适当温度和压力的作用下会变成褐炭，接着转化为烟煤或沥青煤，再变成无烟煤，最后成为石墨。在这个过程中，煤炭逐渐失去易挥发的成分，也就是腐殖质里原有的氮、硫和氧，变成越来越纯的碳。当六角形平面开始生成，煤炭就会出现金属光泽。这个特征在一些漆黑如镜的煤炭上特别明显，例如无烟煤。不过，煤炭很少是纯碳，所以烧起来有时味道才会那么重。

由智利南洋杉石化而成的煤炭最具美感。它质地坚硬，可以凿切和抛光，散发美丽的乌黑光泽。这种煤炭又称为黑琥珀，因为它和琥珀一样能因摩擦而产生静电，让头发竖直。不过，黑玉才是它更广为人知的名字。19世纪，英国维多利亚女王为了悼念夫婿亚伯特王子的辞世，决定终生服丧，从此着黑衣素服并佩戴黑玉首饰，这立刻让黑玉蔚为时尚。

大英帝国对黑玉的喜好突然大增，使得黑玉矿藏量丰富的约克郡惠特比镇（就是作家斯托克后来写下《吸血鬼德古拉》的地方）一夜之间全面停止生产燃料，改做悼念首饰，从此成为知名的黑玉珠宝重镇。

过去若是宣称钻石跟煤炭以及石墨是同一种东西，一定会被笑是痴人说梦。一直到化学家开始观察钻石受热后的变化，局面才有所改观。

1772年，化学之父拉瓦锡就这么做了。他加热钻石至火红，发现钻石燃烧后什么都没留下，一点不剩，仿佛彻底消失了。这个实验结果让他大为意外。其他宝石无论是红宝石或蓝宝石都耐赤热，甚至白热，完全不会燃烧，而钻石身为宝石之王却似乎有着致命弱点。

拉瓦锡接下来做的事情真是深得我心，充分展现了实验的优美之处。他在真空中加热钻石，不让空气与之反应，好加热到更高的温度。这个实验说易行难，尤其是在18世纪，连要制造真空都不简单。然而，钻石受热后的反应让拉瓦锡瞠目结舌。钻石依然不耐赤热，但这回没有消失，而是变成了石墨。这证明钻石和石墨确实由同一种物质组成，也就是碳。

知道这一点后，拉瓦锡和无数的欧洲人便开始寻找逆转的方法，想把石墨变成钻石。找到的人就能一夜致富，因此所有人都争先恐后。然而，这是艰巨的任务，因为所有物质都倾向从不稳定态转变为稳定态，而石墨的结构比钻石稳定，所以需要极高的温度和压力才能反转这个过程。地壳下有这种条件，但却需要数十亿年才能生成一枚巨钻，而在实验室模拟同样的环境非常困难。每隔几年就有人宣称成功，却又一次次被证明失败。投入实验的科学家没有人一夜致富，有人说这证明了没人成功，有人则怀疑成功的人秘而不宣，暗地里慢慢发财。

合成多种碳结构

无论真相如何，一直到1953年才有可靠证据显示，真的有人做到了。如今人造钻石是非常庞大的产业，但仍旧无法跟天然钻石相抗衡。原因有几点：首先是虽然相关技术已经非常精进，使得小枚人造钻石的价格远低于开采得到的天然钻石，但这些钻石往往不够透明且有瑕疵，因为加速制造的过程会使其产生缺陷，使钻石染到颜色。事实上，这些钻石几乎都用在采矿业，装配在钻探和切割工具上，不是为了美观，而是为了让工具能切开花岗岩和其他的坚硬石块。其次，钻石的价值主要来自它的"纯正"。求婚钻戒虽然跟人造钻石构造相同，却是在地底深处酝酿十亿年而形成的。再次，就算你超级理性，不在乎宝石的出身来历，购买人造钻石赠送爱人还是要价不菲。市面上有许多闪亮的替代品不仅便宜许多，而且同样璀璨耀眼，只有钻石专家才分得出真假，例如方晶锆石就是不错的选择，甚至玻璃也可以。

不过，钻石的崇高地位除了受到石墨的强力挑战，还面临另一个打击，那就是它并非世上最硬的物质。1967年，人类发现碳原子还有第三种排列方式，能形成比钻石还坚硬的物质。这个物质名叫六方晶系陨石钻石，结构以石墨的六角形平面为基础，只是改为立体构造，据称硬度比钻石高出58%，但由于数量太少，所以很难测试。最早的样本是在美国亚利桑纳州迪亚布洛峡谷（Canyon Diablo）的陨石上发现的，高热和巨大的撞击力把石墨变成了六方晶系陨石钻石。

没有人用六方晶系陨石钻石做成婚戒，因为产生六方晶系陨石钻石的陨石撞击非常罕见，而且也只会生成极小的晶体。但发现碳的第三种排列方式还是不免引来好奇，除了钻石的立方体结构，煤炭、黑玉、木炭和石墨的六角形结构及六方晶系陨石钻石的三维六角形结构，会不会还有其他的排列方式存在？感谢航空工业，第四种排列方式很快就有人合成出来了。

飞机早期多由木材制成，因为木材质轻而硬。第二次世界大战期间，速度最快的飞行器其实是名叫"蚊式轰炸机"的木造飞机。然而，使用木材制作飞机骨架问题不少，因为很难做出无缺陷结构。因此当工程师想做出更大的飞行器时，他们便转而采用一种名叫铝的轻金属。但铝还是不够轻，所以许多工程师绞尽脑汁希望找出比铝更轻、更坚固的材料。这种材质似乎不存在，于是，1963年英国皇家航空研究院的工程师决定自己来发明。

更轻更强的碳纤维

他们为这个材质命名为碳纤维，方法是把石墨纺成细丝。细丝织成布料再纵向卷起，就会有极高的强度和硬度。不过它的弱点跟石墨一样，就是仍然要依靠范德华力，但这问题只要用环氧胶包住纤维就可以解决了。于是，一种全新的材质就此诞生，那就是碳纤维复合材料。

虽然碳纤维日后确实取代了铝成为制造飞机的材料（几年前问世的波音787，机体的七成是使用碳纤维复合材料），但这中间耗费了不少光阴。体育用品制造商可是立刻就爱上了这个材料。它一举提升了球拍的效能，使得死守铝和木材等传统材质的球拍，很快就被超越了。

我还清楚记得我朋友詹姆士拿着碳纤维网球拍来球场的那一天。

球拍上碳纤维的黑色方格纹路非常明显。比赛前，他先把球拍借我，让我打几球感受它的轻盈与威力，然后拿回球拍，在比赛中把我打得落花流水。跟一个球拍比你轻一倍、力量比你大一倍的人打球，实在非常令人丧气。我朝他大吼："你碳狠了！"可惜没用。

没多久，这个材料便横扫所有能用它制作出更轻、更强力器材的运动。基本上就是所有的运动。20世纪90年代，工程师开始用碳纤维制造更符合空气动力学的单车，从此改写了自行车竞赛。其中，最经典的例子，或许是英国自行车传奇博德曼（Chris Boardman）和劲敌欧伯利（Graeme Obree）争夺"一小时纪录"的比赛。这项比赛是要了解人类单凭体力，能在一小时内骑多远。两位选手于20世纪90年代凭借制作越来越精良的碳纤维单车，不仅持续突破世界纪录，而且不断打破对方的纪录。1996年，博德曼骑出一小时56.375公里的纪录，引发了国际自行车联盟的强烈反弹，立即下令禁用碳纤维单车，因为他们生怕这个新材料会彻底改变自行车运动的本质。

一级方程式赛车的做法完全相反。他们经常改变规则，以促使车队在材料设计上不断创新。的确，科技领先是赛车运动不可或缺的一部分，而胜利不只是出于车手的驾驶技术，更来自工程设计的突破。

除了车类竞赛，连赛跑都受到碳纤维的影响，使用碳纤维义肢的残障选手越来越多，终于使得国际田径总会在2008年下令禁止这些运动员和体格健全的一般选手同场竞技，因为他们认为碳纤维义肢会造成不公平的竞争优势。不过，这项命令遭到国际体育仲裁法庭的否决。2011年，南非短跑选手"刀锋战士"皮斯托瑞斯参加了南非世界田径锦标赛的男子400米接力，全队获得了银牌。除非田径联盟采取自行车联盟的做法，否则碳纤维注定会在田径竞赛上扮演更重要的角色。

碳纤维复合材料空前成功，让不少工程师开始幻想追求最不可能的目标。他们问道："这个质地强韧的材料是不是能实现人类长久以来的梦想，兴建一座电梯直达太空？"太空电梯计划又称为天钩、天梯或宇宙缆车计划，目的是兴建一条通道，连接赤道和赤道正上空的同步人造卫星。这个计划若能完成，外太空旅行将立刻成为人人负担得起的活动，所有人员和货品都可以轻松送上太空，几乎不必耗费能源。

苏联工程师阿特苏塔诺夫（Yuri Artsutanov）于1960年率先提出这个构想，希望建造一条长达3.6万公里的缆线，连接卫星和赤道上的定点船只。所有研究都显示他的构想确实可行，但制作缆线的材料必须具备极高的强度重量比。之所以要考虑重量，是因为搭建任何缆线结构前，我们都必须先考虑它能否支撑自己而不致绷断。因此对3.6万公里长的缆线来说，每股缆线的强度必须能举起一头大象，但即使顶级碳纤维也只能举起一只猫。不过，这是因为碳纤维缺陷太多。理论计算清楚指出，只要能做出纯碳纤维，它的强度就会大幅提高，甚至超过钻石。于是，所有人开始寻找方法，希望做出这样的材料。

另外一种碳原子排列方式的出现为搜寻者带来了曙光，而且出自一个众人都始料未及的地方，那就是蜡烛的烛焰。1985年，克洛图（Harold Kroto）教授的研究团队发现烛火内的碳原子竟然会自行集结成超分子，而且都恰好包含60个原子。这些超分子外观有如巨大的足球，而建筑师巴克敏斯特·富勒正好设计过结构相同的六角网格球顶，因此这些超分子也被称为"富勒烯"。克洛图的研究团队因为这项发现而获颁1996年的诺贝尔化学奖，同时让世人明白了一件事：微观世界里可能还包含许多人类未曾见过的碳原子排列方式。

碳原子几乎一夜之间成了材料科学最热门的研究对象，而且另一种碳原子的排列方式很快就出现了。

在新的结构中，碳原子会形成直径只有几纳米宽的长管，虽然结构复杂，却有一个特殊性质，那就是它会自行集结，完全无须外力就能自行合成复杂的纳米管，也不需要高科技器材协助，在蜡烛的烟里就能成形。这感觉就跟发现微生物一样，世界突然变成一个比我们想象中更复杂、更神奇的地方。不只是生物能自行合成复杂的结构，非生物世界也可以。世人开始着迷于制造和研究纳米分子，纳米科技蔚为风潮。

● "富勒烯"的分子结构

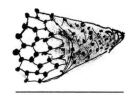

●纳米碳管的分子结构

纳米碳管很像迷你的碳纤维，只是少了微弱的范德华力。科学家发现它是地球上强度重量比最高的物质，因此或许能用来制造太空电梯。所以问题解决了吗？其实不然。纳米碳管通常只有几百纳米长，但必须达数米长才能用来制作缆线。目前，全球有数百个纳米科技研究小组正努力解决这个问题，但海姆的团队却没这么做。

海姆的团队问了一个更简单的问题：既然这些新的碳原子排列方式都以石墨的六角形结构为基础，而石墨本身又是一层层六角形平面堆栈而成的，那为何石墨不是我们在找的魔术材料？答案是，六角形平面状的石墨层太容易彼此松动，使得石墨非常脆弱。但要是只有一层石墨层呢？那会是什么状况？

海姆端着咖啡回到办公室时，我手里依然拿着他的奖牌。虽然是他要我拿出来看的，但我还是微微有一点罪恶感。他放下咖啡，从我手中取走奖牌，放了一块来自英国坎布里亚郡石墨矿场的纯石墨到我掌心里，跟我说这块石墨是他到矿场拿的。他当时在曼彻斯特大学做研究，矿场就在同一条路上。说完，他开始解释他的团队如何做出单层的碳原子六角形平面。

他撕了一小条胶带贴在那块石墨上，随即把它撕下。只见胶带上粘了一层散发着金属光泽的石墨薄片。接着他又撕了一小条胶带贴在石墨薄片上，再撕开。薄片顺利分成了两半。反复四五次之后，石墨薄片越来越细薄，最后他说其中有些石墨的厚度只剩一个原子了。我看了看他手上的胶带，只见上头有几个小黑点，但我不敢小觑，只好目不转睛地盯着看。海姆笑着说："你不可能看见的，一个原子厚的石墨是透明的。"我故意用力点头假装知道。接着，海姆带我到隔壁用显微镜看，这样就能瞧见石墨的原子层了。

海姆的团队拿到诺贝尔奖不是因为做出了单层石墨，而是发现单层石墨的性质非常特别，就算放在纳米世界中也一样奇特，应该将它视为一种新材质，并且取个名字。他们决定叫它"石墨烯"。

神奇材料石墨烯

简单来说，石墨烯是世界上最纤薄、最强韧和最坚硬的物质，导热速度比目前已知的所有材料都快，也比其他物质更能载电，导电更快、电阻更小。此外，石墨烯还允许克莱因隧穿效应。克莱因隧穿效应是一种奇异量子效应，物质内的电子可以自由通过（隧穿）势垒，仿佛障碍完全不存在。这表示石墨烯很有潜力成为迷你发电厂，取代硅芯片成为所有数字运算和通信的核心。

石墨烯纤薄、透明、强韧又易导电，因此也可能成为未来触控界面的首选材料，不仅能用在我们已经习以为常的触控屏

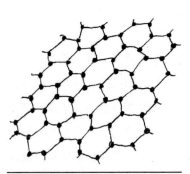

●石墨烯的分子结构

幕上，而且能在物品和建筑上应用。不过，石墨烯最出名也最古怪的一点，就是它是二维材料。它当然有厚度，只不过就只能这么厚，薄一点或厚一点就不是石墨烯了。海姆的团队展示了这一点。加上一层碳原子到石墨烯上，它就会变回石墨；取走一层碳原子就什么也不剩。

我的美术老师巴灵顿先生说，石墨是比钻石还要高等的碳，虽然他说话的当时并不知道我们在这里讨论的内容，但他几乎全说对了。他还强调石墨的原子特性很重要，这一点也说对了。石墨烯是构成石墨的基本单位，厚度只有一个原子。你用铅笔写字，有时在纸上留下的就是它。石墨烯可以单纯地用来表达艺术，不过它的功用远大于此。石墨烯和卷成管状的纳米碳管将成为人类未来世界的重要推手，从微观到宏观，从电子到汽车、飞机和火箭，甚至（谁晓得？）太空电梯，统统都将会与这两种材料有关。

没有石墨就没有石墨烯。所以这表示石墨终于超越钻石，这匹黑马终于在缠斗数千年后甩开钻石脱颖而出了吗？尽管现在还言之过早，不过我是有点存疑。因为虽然石墨烯终将开创工程科技的新时代，科学家和工程师也已经对它爱不释手，但不表示它就至高无上了。钻石或许不再是最坚硬和强韧的物质，我们也知道它并非永恒，但大多数人依然不这么想。钻石依然是坚贞爱情的见证。钻石和真爱的联结或许源自高明的营销手腕，但对我们来说仿佛已经成为真实。

石墨烯也许比钻石更有用处，但它不会熠熠生辉，它薄得几乎看不见，而且只有二维平面，这些都不是世人眼中真爱的特质。因此，我认为除非哪天营销公司看上石墨烯，否则立方晶体结构的碳依然会是女人最好的朋友。

第九章　精致的瓷器

porcelain
瓷器

　　1962年1月，米奥多尼克家族正忙着张罗庆祝我父亲彼得·米奥多尼克和未婚妻凯瑟琳的大喜之日。婚礼已经计划就绪，邀请函也已寄出，犹太男子和天主教女子联姻的宗教指导也在进行，所有人神经紧绷，嬉皮士倡导的自由之爱或许还没开始，但要给年轻新人的礼物已经订好了，其中一件就是骨瓷茶具组。

茶具组装在木盒里，从哈洛德百货公司邮寄到我父母家中。他们把茶杯和碟子从木屑里取出，清洗后放在厨房滴水板上晾干。这时，茶杯和碟子总算有空瞧瞧新家了——位于伦敦市郊的住宅区，厨房很空但很宽敞。忽然，一只茶杯从水槽边摔到了塑料地板上，结果竟然没有摔碎。这对新人觉得不可思议，开心地相视而笑。他们觉得这是好预兆，结果也是。这组茶杯在婚姻路上一直伴随着我的爸妈。五十年后的现在，我在左页照片里放的就是硕果仅存的杯子。

起初，这些骨瓷茶杯必须跟我母亲从爱尔兰带来的木杯一起挤在橱柜里。我想它们一定吓坏了。当然，木杯很有乡村风，它的色泽美丽天然，自然淳朴的感觉对向往田园生活的人也很有吸引力，但拿来喝东西实在不合适。不仅木头味很重，而且表面的细孔很容易吸收气味，让之后的饮料喝起来味道也不对。

除了木杯，我家还有金属做的杯子，显然是露营用具，是因为新婚夫妻餐具不够才拿来充数的。不过，金属杯比起木杯也好不到哪里去。我们用金属刀叉，觉得用起来比其他材质适合，是因为金属硬而强韧，制作出来的刀叉既轻巧又不会弯曲或折断。更重要的是，金属外表光滑明亮，很容易判断干不干净，毕竟这些餐具之前曾经放进过别人嘴里。不过金属导热太快，无法用来喝热饮，而且声音又大又吵，有损红茶的优雅形象。

真正的永续环保材料

哥哥和我出生之后，塑料杯开始进驻我家。跟大多数孩童用品

163

●精美的陶瓷茶杯

一样，这些杯子色彩鲜艳、坚固耐用，非常适合盛放小孩爱喝的饮料。这些饮料的甜度和果味通常都比茶高出许多。塑料质地较软，放在嘴里感觉温暖、舒服又安全，且外观活泼讨喜，跟童年的感觉很像。要是塑料杯放久了能变成骨瓷茶杯，年岁越久越坚强、有个性，那就好了。可惜塑料杯老化得太快，禁不起太阳紫外线的折腾，每次带出去野餐就会折损几年寿命，不断降解，最后变得泛黄易碎，终至四分五裂。

陶瓷就不同了。它完全不怕紫外线降解和化学攻击，而且比其他材质更耐磨耐刮。油料、油脂和大多数污渍都沾不上它。单宁以及少数分子确实会附着在陶瓷上，但用酸性溶液或漂白水很容易就能去除。这些因素都使得瓷器能长年保持原貌。事实上，我桌上那个茶杯要不是从杯缘到把手有一条小裂缝，而且也被单宁弄脏了，就会看起来和五十年前没有两样。能做到这一点的东西不多。纸杯似乎很环保，是永续材料，因为纸能回收。但为了防水，纸杯必须上蜡，所以根本不能回收再利用。真正的永续材料非陶瓷莫属。

撇开实用性不谈，除了陶瓷，使用其他材质的容器喝茶都近乎亵渎，无论纸杯、塑料杯或金属杯皆然。喝茶不只是吞饮液体，更是一种社会仪式，一种理念宣扬，而瓷杯是其中不可或缺的成分，因此也是有教养的家庭的必备物品。

陶瓷的崇高地位由来已久，比纸、塑料、玻璃和金属都要久远。故事起自人类把河床的黏土放入火中，发现黏土不只会变干，还会发生质变，变成坚硬的新物质，性质几乎跟石头一样，坚硬、强韧，而且能塑形做成贮藏谷物和取水的容器。没有这些容器，农业和屯垦就不会出现，现有的人类文明也不可能发端。这些素朴的容器在一万年后得到了"陶器"的称号。

然而，这些早期的陶器其实并不像石头，它们的质地脆弱且易碎，摸起来粗糙并容易渗漏，放在显微镜底下看，它们的表面都是小洞。陶瓦和土器是这些早期陶瓷的现代远亲，虽然非常好做，却还是脆弱得可怕。

我自己有好几次把陶瓦锅（通常是度假时买的）放进烤箱里炖肉，一小时后却发现锅子裂了，肉汤渗了出来。其他地方我不敢说，但烤箱应该是陶瓷最自在的环境呀，毕竟它们就是在窑里制造的，但陶瓦锅还是一直表现欠佳。原因是汤汁会渗入细孔里，受热后变成气体把细孔炸成微小的裂缝，然后像小溪汇流成河一样，跟其他裂缝串联成大裂缝，最后在陶瓦锅表面裂开，不仅毁了锅子，而且往往毁了那道菜。

陶瓷不同于金属、塑料或玻璃，无法熔解和浇铸。但更正确的说法是，没有其他材质能承受陶瓷熔化时的高温。陶瓷的成分跟山峦及岩石一样，熔解后就成了岩浆或熔岩。但就算能取得熔岩并灌入铸模，也无法制造出强韧的陶瓷，至少绝对不是你认得的，或用来泡茶的那种。熔岩当然只会形成火山岩，充满孔洞与瑕疵，需要历经地底深处数百万年的高热与高压，才会转变成所谓的火成岩，建构起高山和丘陵。因此，想制造取代岩石的人造物就只有两条路：一条是利用化学反应，也就是水泥变为混凝土的方式；另一条是像制作陶器一样，在窑里加热黏土，但不是把黏土熔化，而是利用结晶的一个特殊性质。

黏土是矿物微粒和水的混合物。这些矿物微粒跟沙一样，是水和风侵蚀岩石的结果，基本上就是极细的结晶。黏土常常出现在河床里，因为山上的风化矿物质被冲刷到河水中，淤积在河床形成湿软的泥土。不同的矿物质组成，会形成不同的黏土。例如陶瓦的结晶通常包括石英、矾土和铁锈，因此才会呈红色。

黏土受热时，水分会首先蒸发，让微粒结晶有如沙堡般堆栈在一起，并留下许多孔洞，孔洞是水分消失后留下的空隙。但高温会造成一个很特别的现象，就是结晶里的原子会跳到隔壁的结晶再跳回来。不过，有些结晶里的原子不会回到原位，于是结晶之间开始逐渐形成原子桥，最后有数十亿条原子桥生成，使得原本只是堆在一起的结晶群变成单一的连续体。

原子会这么做的原因跟化学物质会进行反应的原因一样。结晶里各原子的所有电子，都会跟周边的电子形成稳定的化学键，也就是处于"填满"状态。但在结晶的边缘和表面会有一些"未填满"的电子找不到其他原子可以键结，这些电子就像松脱的零件。因此，

●加热会让群聚的小结晶产生变化，形成完整单一的物质

结晶内的所有原子都想在结晶内部而非表面找到位置固定下来，也就是说，结晶表面的原子很不稳定，一有机会就会想改变位置。

结晶的温度不高时，原子通常没有足够的能量四处移动，突破限制。但只要温度够高，原子就会开始移动、重新组织，让被迫留在结晶表面的原子越少越好，结果就是结晶表面越来越小。这些原子重新塑造了结晶的形状，让结晶不断压缩紧实，消除其中的空隙，于是所有微粒结晶自然缓缓压合成完整单一的物质。这个过程一点也不神奇，但过程的结果却很神奇。

这当然是理论。某些种类的黏土比较容易发生这个过程。陶瓦的优点在于取材方便，而且不必太高温就能发生重组，靠普通的大火或柴炉就行了。这表示制作陶瓦的技术门槛很低，于是人类开始用陶瓦大兴土木，修筑城镇。一般常见的砖头便是陶瓦的一种。然而陶瓦有一个大问题，它永远无法去除孔隙，永远无法完全密实。这对砖头来说没什么，因为它只需要相对坚固，而且一旦用水泥固定，就不会再受敲打，也不会反复受热与冷却。但对杯子或碗盘来说就是灾难了，因为这些器皿很薄，却又得承受烹调的严苛考验，结果是完全抵挡不住。只要轻轻一敲，陶瓦里的孔洞就会造成裂痕，一发不可收拾。

东方的陶匠最先解决了陶器多孔和易碎的问题。首先，他们发现只要在土坯上覆盖一种特别的灰烬，这些灰烬就会在加热时变成玻璃态涂层附着在陶器表面，把土坯外层的孔洞都封住。改变釉粉的成分与上釉部位，就能为陶器上色和装饰。这不仅能让陶器防水，而且开启了陶器装饰的新境界。我们现在很容易见到这种上釉土器，我家厨房里就有不少，像是厨房水槽周围的墙壁和流理台的瓷砖，它们让厨房容易清理又美观，当然，浴室和厕所里也少不了瓷砖。使用花纹瓷砖铺设地板、墙壁甚至整栋楼房，是中东和阿拉伯建筑的特色。

上釉能防止水分渗入，却仍无法解决瓷砖内部孔隙过多的问题，而这正是裂痕出现的原因。所以瓷砖还是相对脆弱，上釉的陶杯和陶碗也不例外。这个问题还是由中国人解决了，不过靠的是发明一种全新的陶瓷。

中国人发明精致瓷器

两千年前，东汉的陶匠想要改善自己做出的陶器，开始进行实验。他们不仅尝试各种不同的黏土，而且自己调配黏土，加入各种河里黏土不会有的矿物质。其中一种矿物质就是白色的高岭土。为什么要加高岭土？没人知道。或许纯粹出于实验精神，也可能因为陶匠喜欢高岭土的颜色。

他们显然试过各种混合，最后终于发现一种特殊配方，成分包括高岭土和一些其他矿物质，例如石英和长石，混合成一种白黏土，加热后会变成非常好看的白陶。这种陶并不比土器强韧，但和之前已知的黏土不同，只要把窑火加热到极高的1300℃，它就会发生奇怪的变化，成为外表如水的固体。这种白陶的表面近乎完全光滑，可以说是世上可见的最美的陶瓷，而且强度和硬度都远超其他陶瓷。由于强度极高，因此它可以制成极薄的杯碗，几乎和纸一样薄，却依然不容易产生裂痕。做出来的杯子近乎透明，相当细致。它就是瓷。

瓷结合强韧、轻盈、优雅和无比光滑的特质，成为它最强有力的条件，很快就和皇室连上了关系，成为财富和高雅品位的象征。但瓷还有另外一层意义。由于造瓷需要丰富的知识与技术，要能找到适当的矿物比例并建造可以产生高温的陶窑，所以瓷成为技巧与艺术完美结合的象征。瓷很快便从中国的骄傲变成了中国的图腾，成为国力的展现。自此之后，中国历朝历代都会有自己的官窑。

中国各朝努力制作精美绝伦的器皿和礼器来装点皇宫，以彰显自家陶艺。不过他们深知要让宾客真正惊艳，不仅得让宾客看见瓷的轻盈与透明，而且要让宾客亲身体会，而品茗正是最完美的机会。于是，以瓷杯奉茶待客不仅成为精湛陶艺的展现，而且成为雅致的文化活动，最后更成为一种仪式。

由于中国瓷器远优于其他陶器，因此中东和西方的商人一眼就晓得这些瓷器是多么有价值的商品。他们不仅引进瓷器，连品茶文化也一并引入中东和西方，使得瓷和品茶成为宣扬中国文化的代表，所到之处无不风靡。当时，欧洲人还在使用木杯、锡杯、银器和陶杯，瓷器充分显现出中国在工艺技术上超出其他文明甚多。用上等瓷器招待客人品尝上等中国茶，立刻让你身价不凡。于是，这个被称为"白金"的精巧白瓷很快就成为庞大的生意。

●中国人饮茶用的瓷杯

中国引领风骚五百年

由于瓷器贸易量太过惊人，因此许多欧洲人心想要是能自制瓷器，肯定能大赚一笔。然而，欧洲人始终不得其门而入。就算他们派人到中国刺探，瓷器制造工艺依然是中国的不传之秘，令欧洲人妒羡不已。直到五百年后，一个名叫贝特格（Johann Friedrich Bottger）的人被萨克森国王拘禁，令他找出制造瓷器的方法，否则人头落地，欧洲才终于做出了像样的瓷器。

贝特格原本是炼金术士，但1704年于拘禁期间受命当冯齐恩豪斯的手下，使用各种白色矿物有系统地进行实验，以找出制造瓷器的方法。他们在当地发现的高岭土成了实验的转折点。两人一旦创造出所需的高温，就破解了中国人保守千年的秘诀。

贝特格没有用茶杯来证明自己真的做出了瓷器，而是把白热状态的瓷器从1350℃的窑中取出，直接抛进装水的桶子里。绝大多数陶器都会因为冷热差距过大而破碎，土器和陶瓦更会爆裂，但瓷器实在够硬够韧，竟然毫发无伤。[1]萨克森国王信守承诺，大大奖赏了贝特格和冯齐恩豪斯，因为发明了欧洲精瓷肯定能为他带来巨富。

从此之后，欧洲各地的科学家和陶匠都开始拼命实验，希望能找出制造瓷器的秘诀。虽然间谍密探满天飞，英国还是花了五十年才用本地原料做出瓷器，并命名为"骨瓷"。我父母亲当年结婚收到的茶具组就是用骨瓷做的。

于是1962年的某一天，在米奥多尼克家宣布喜讯之前，康瓦尔的矿工黎明即起，和过去二百年来一样穿越康瓦尔丘陵的野生蕨类丛林，经过坑洞和水车来到特维斯科矿场，挖掘一种特别的白色黏

---

[1] 虽然这则传闻已经得到多方否认，不过2011年7月，我们在英国国家广播公司第四台的《陶瓷的功用》节目中，重现了这个实验，证实瓷器从白热状态直接放入水中并不会碎裂。

土。在这些人挖掘高岭土的同时，马路另一头的花岗石矿场则有矿工在挖掘矿石，包括云母、长石和石英。斯塔福德郡及邻近的柴郡、德比郡、莱斯特郡、沃里克郡、伍斯特郡和什罗普郡的农人牧养牲畜，并把死去牲畜的骨头焚烧后磨成细粉。所有材料随后运往特伦特河畔的斯托克市，在某个冬日烧制成我桌上的茶杯和同组茶具。

繁复的制造过程

冬天的斯托克市应该烟雾弥漫，数百座红砖瓶形窑吞云吐雾，致使当地成为英国陶瓷重镇。当年的烟雾应该带着浓郁的硫黄味和几分酸气，而且或许和我1987年暂居当地时一样乌云低沉，使得天空跟烟囱融为一体，整座城市因此显得很不真实，有如幻梦。

工厂里的空气被窑火烤得干燥温暖，感觉很舒适。每个房间都摆满板凳和机械设备，成排的男女工人专心地忙着干活，制作各式各样的瓷器，主要是餐盘和碟子，当然还有茶杯。工作非常繁重，工厂里弥漫着全神贯注的气氛。所有器具都只用一种材质制造，它主宰了工厂，在所有地方留下印记。整间厂房都沾满这些混合矿物与兽骨的白色细粉。

这些细粉的外观毫不起眼，就算加水后会变成可塑形的黏稠糊状物，但也就如此而已。茶杯由玮致活陶瓷厂的女工亲手捏制，她们做这工作已经一辈子了。靠着陶轮和女工的一双巧手，黏糊的坯土瞬间就变成了杯子。湿软的粗坯放在托盘上松软无力，有如早熟的婴儿。要是没有外力协助，这些粗坯将会风干、松垮、龟裂直至最后瓦解，就像泥土做成的杯子一样。不过，它们并不会如此，而是被送到工厂的另一处地方。

到了那里，一个手指粗壮的男子会用无比娴熟的动作以耐火黏土迅速做好火泥箱。耐火黏土可以承受极高的温度，因此常用来当成其他种类黏土加热时的外壳保护层。男子会把茶杯的粗坯放入火泥箱，仔细排好放好，不让粗坯彼此碰触。一切就绪后，男子会用黏土把火泥箱封好。箱里漆黑、冰冷又潮湿，所有粗坯也一样湿软。

隔天早上，工人会把这五百多个火泥箱小心地放入瓶形窑中，放满之后再把窑口封死，在窑下点燃炭火。窑里烟雾弥漫，茶杯的粗坯有火泥箱保护，因此依然洁白无瑕，随着温度升高缓缓干燥，直到水分完全蒸发为止。接下来就是茶杯诞生的关键时刻。这时粗坯非常脆弱，矿物结晶都堆栈在一起，却没有任何力量把它们黏住。火泥箱把强力高热气流和浓烟挡在箱外，让粗坯不至于瞬间爆炸。

当温度升高到1300℃，窑内变成白热状态，奇迹就出现了：结晶间的部分原子将形成一条玻璃河。现在粗坯绝大部分已经变成固体，但仍有部分呈液体，外观就像茶杯上有液态玻璃形成的血管流过。这些液体会渗入结晶间的所有孔隙，覆盖茶杯的每一寸表面。新生成的茶杯和绝大多数陶器不同，只有它们知道毫无瑕疵是什么滋味。

瓷窑需要降温两天才能打开，但茶杯依然热得无法安全取出。不过，一群身材壮硕魁梧、满身煤渣的工人会穿着三层羊毛衫和外套，走进窑里取出火泥箱。有些火泥箱已经受热裂开了，里面的茶杯接触到烟尘和火焰，只能接受不幸的结局。但米奥多尼克家的茶杯完好无缺，安然蜷伏在宛如子宫的火泥箱中，直到工人把箱子小心撬开，让它们以最出色的骨瓷风采降临世间。专家会检查它们有无瑕疵，接着如同打婴儿屁股一样轻弹一下做最后的检查。

轻弹茶杯倾听声音，是最清楚而确定的方法，这种方法用来确认杯子是否完全成形。只要杯子内部稍有瑕疵，有孔隙在白热状态时没有由玻璃浆填满，声响就会有部分被吸收，无法发出清脆的回音，听起来会闷闷的，而完全致密的茶杯则是余音绕梁。就是这个回音让米奥多尼克家的茶杯得到了认可，可以待价而沽。若轻弹陶瓦杯，则几乎不会听到任何声音，顶多就是一声闷响。而我的茶杯由于完全紧实，没有任何瑕疵，因此即使像纸一样轻薄透明，却能维持五十年形状完好细致。就算现在轻弹茶杯，我依然能听见它的强韧与生气。

与文化相结合

这组茶杯参与了米奥多尼克家所有特殊的日子。我外婆从爱尔兰来参观女儿的新家，它们负责装茶。家人齐聚一堂庆祝米奥多尼克家的长子西恩诞生，它们躬逢其盛。邻居应邀来家里庆祝1977年的女皇登基银禧，它们也在。艾伦叔叔还用其中一个杯子偷偷畅饮伏特加，结果在花圃跌了一跤。

某年的圣诞节，有个亲戚趴在餐桌上打呼噜，弄得满桌鼻涕，这些茶杯也在，最后在一团乱中，还把其中一个杯子甩到地上摔碎了。米奥多尼克家每个男孩结婚时，它们都在场。只有西恩例外。他在夏威夷跳伞结婚，在海滩上举行了婚礼。

这些瓷杯是备受珍视的结婚礼物，只见过米奥多尼克家欢庆的一面，从未在日常生活里使用过。它们没有待过床边，也没去过菜园的围墙上，更没有跟着孩子一起去足球场。这些家居时刻是属于马克杯，属于品质较低的上釉瓷杯或陶杯的。这些杯子都很厚，因为材质太软，必须够厚才能支撑。它们便宜又讨喜，随兴的形状与尺寸正是它们如此居家的原因。用它们喝茶也觉得廉价和开心。

茶虽然源自中国，却成了英国的国民饮料，不过两者的角色大不相同。茶在汉朝是财富与教养的象征，在英国却是用茶包装着最廉价的混合研磨茶叶冲来喝。我们喜欢茶是深棕色的，看到麦芽色就会觉得这是一杯好茶。其实比起纯种茶，我们喝茶的口味相当清淡。我们会加牛奶中和苦味，在冷天和雨天喝茶抚慰自己。茶的味道基本、质朴而谦逊，用马克杯品尝更是如此。

我在我家屋顶上喝茶用的杯子，是我爸妈当年结婚收到的骨瓷杯组中残存的最后一只。时代变了，茶具组不再是新婚夫妻家中的必备用品，因为细致的瓷器和茶品不再是教养与文雅的象征，瓷器必须改头换面才能重新变得新潮和实用。现在瓷器还是结婚礼物，只不过通常改送白色瓷盘，甚至是马克杯，外观强调时髦，而且一定要能用洗碗机清洗。

这只米奥多尼克家仅存的婚礼瓷杯，我知道天天用它终究会害它丧命。每注入一次红茶，水温就会在杯子内部造成应力，拉大裂隙，而茶的重量则会让更多原子键断裂。裂隙会缓缓变长，有如蛰伏在杯里的小虫向外蚕食，最终让瓷杯四分五裂。也许我应该把它束之高阁，好保存我父母亲婚礼的纪念。但我宁可相信天天用它喝茶是一种致敬，敬我父母亲彼此相爱，而这正是这只瓷杯存在的意义。

第十章　长生不死的植入物

implant

植入物

　　20世纪70年代，有一部美国电视剧叫作《无敌金刚》，故事设定男主角航天员奥斯丁发生严重车祸，由于伤势过重，因此医生决定尝试还在实验阶段的手术，重建奥斯丁的肢体与感官能力。然而，手术不仅是重建，而且彻底改造了他，让他变得"更好、更快、更强"。

变得更强的方法

电视剧对复杂的手术及植入体内的仿生装置没有多着墨，只强调奥斯丁改造后的超能力，例如跑得飞快、跳得奇高和能感觉到远方发生的危险等。我哥哥和我都很爱这部电视剧，而且深信不疑。因此，那次我从攀爬架上摔下来跌断了腿，被送到医院，心里其实是怀着几分好奇与期待的。我和三个哥哥挤在我们家那辆紫色的标致504上，四人一起尖声高唱："我们能改造他，让他更好、更快、更强……"

我一被送到急诊中心，医生就迅速且专业地做出了检查与诊断。医生说我的脚的确断了，但骨骼有自愈功能，会修复创伤。我大失所望，觉得医院故意搪塞推托。他们为什么不肯改造我？我问了母亲，她说即使像骨骼这么硬的组织也有自我修复的能力。

医生说骨骼中央是柔软的内里，外头包着一层硬壳，跟树有点像。在肉眼无法见到的微观层次上，骨骼内里是网状多孔组织，让骨内细胞可以自由活动，不停分解和重塑骨骼。因此骨骼和肌肉一样，会因为使用程度而增强或变弱，依人体各种活动（如跑步或跳跃，但主要是承受人体重量）带来的压力而增长。医生告诉我，航天员有一个很大的危险，就是外太空的无重力状态会让他们的身体不再承受这种压力，造成骨骼失去强度。他们问我最近是不是上过太空，还觉得这个笑话很好笑。我狠狠瞪了他们一眼。

虽然骨骼会不断重塑，修复断腿仍然必须把断骨完美接合在一起。医生跟我说这代表我得接受治疗，让腿固定不动几个月。这套疗法源远流长，古埃及人和古希腊人都曾用过，一点儿也不高科技，就是用硬固的绷带把腿缠住而已。

古埃及人用亚麻和制作木乃伊的技术来固定断腿，古希腊人用布料、树皮、石蜡和蜂蜜来处理，但我用的却是熟石膏，这是19世纪土耳其人的发明。熟石膏是石膏脱水而成的陶土，跟水泥一样掺水后会硬化。但熟石膏非常易碎，无法单独使用，用个几天就会碎裂。不过只要加上绷带，绷带的棉质纤维会强化石膏，阻止裂隙蔓延，熟石膏就会强韧许多，可以包扎断腿长达数周。比起古埃及和古希腊的做法，上石膏最大的好处是我不必在床上躺三个月，等腿自我修复。石膏模够硬够坚固，能承受人的体重和使用拐杖走路时的撞击，同时让腿顺利康复。石膏绷带发明之前，断腿往往会让人一辈子不良于行。

我还记得石膏涂到缠着绷带的腿上的那个瞬间，混合着热与瘙痒，感觉很怪。热是石膏掺水后的反应，痒则是因为柔软的绷带开始慢慢变硬。我突然感觉腿的中段瘙痒难耐，我很想抓，却只能拼命克制，简直难受极了。接下来几个月，瘙痒会不时发生，而且往往在三更半夜，我完全束手无策。我妈说这就是接受无敌金刚大改造的代价。我反驳说我根本没有被改造，虽然我很想，但医生只是让我的身体自行复原。我不会变得更好、更快、更强，还是和之前一样，跟快和强壮完全沾不上边。我妈叫我闭嘴，我想也是。

后来，我又受过几次重伤，住过几次院，虽然没让全身骨头都各断一次，但至少也努力过了。我断过肋骨和手指，还曾被砸破脑袋。我撞碎过玻璃，胃黏膜破了大洞，还曾遭遇割伤。但每一回我的身体都自己痊愈了，虽然得靠医疗体系监督与帮忙。从小到大，我只有两次需要医生"重建"和改造。一次是很久以前，但这问题不时地困扰着我。

解决牙疼烦恼

起初只是嘴里有一颗牙微微不舒服，几天后，这颗牙却变得更酸、更痛，喝热水时尤其难受。后来，我有一天吃三明治，吃着吃着突然听见可怕的碎裂声，让我头皮发麻。很不幸，我嘴巴里的毛病更严重了，而且一阵猛烈的刺痛有如闪电，从口腔顶部直蹿脑门。我用舌头小心翼翼地试探发痛的部位，发现原本光滑的牙齿变得凹凸起伏，我吓坏了。我觉得我的牙齿好像碎了一半，后来发现果真如此。我没办法再吃喝任何东西，因为神经从断牙处露了出来，一碰就痛得厉害，像针刺一样，所以对任何入口的东西都非常敏感。我的嘴巴仿佛变成了禁区，我脑中一片空白，只想赶快止痛。

古埃及人和古希腊人都解决不了这个问题。我们的老祖先必须与蛀牙共存。他们老是牙疼，痛得太厉害就只得把牙齿拔掉。如果不是找铁匠用钳子硬拔，就是运气好一点由老练的医生帮忙。医学发达后，开始有麻醉剂可以舒缓疼痛，例如鸦片酊等。

1840年，有人发明了一种银、锡、汞的合金，称为"汞齐"，成为治疗人类蛀牙史上的转折点。原始状态的汞齐因为含有水银，在室温时是液体。但只要掺入其他成分，汞齐里的汞、银和锡就会发生反应，形成新的结晶，非常坚硬耐磨。这种神奇材料可以在液态时注入牙齿蛀孔中，等它硬化。而且它硬化后会稍微膨胀，使填充材料"咬住"蛀孔，和牙齿完全密合。汞齐制成的填充材料远优于铅或锡制成的填充物。后两种金属虽然都有人用过，但质地太软无法耐久，而且要以液体形态灌入蛀孔，都得加热到熔点，但这又会烫到令人无法忍受。

这种廉价又无须拔牙的龋齿治疗法问世150年后，我接受了人生中第一次补牙。那块补牙现在还在，我用舌头还能感觉到它光滑的表面。它让我从身心俱创的小男孩再度变回了活泼调皮的捣蛋鬼。

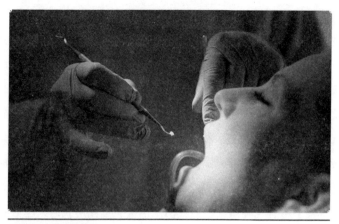
●牙医正在给患者补牙

我后来又补了八次牙，前四次用汞齐，后四次用复合树脂。复合树脂由硅石粉末和强韧的透明塑料混合而成，坚硬耐磨，而且颜色比汞齐更接近牙齿的原色。和汞齐一样，复合树脂也是在液态时灌入蛀孔，但灌入后需要用紫外线照射，启动树脂内的化学反应，让树脂瞬间硬化。除了补牙，现代人还可以选择拔掉蛀牙换成瓷牙或氧化锆牙。这两种材质通常比复合树脂更耐磨，颜色也更像牙齿。要不是这些生物医用材料，我现在可能没剩几颗牙了。

用钛固定韧带

我体内还有另一种生物医用材料，一直扶持我到现在，是我1999年在美国新墨西哥州工作时植入的。那天，我在室内足球场踢球，球在我脚下而我正打算迅速转身，突然听见膝盖"啪"的一声，随即剧烈扭痛。我只是扭动膝盖，没有被撞到，韧带竟然就断了，简直不可思议。但事情真的就这样发生了。我扭断了右膝的一条韧带，叫前十字韧带。

韧带是人体的橡皮筋。肌肉、韧带和联结肌肉与骨骼的肌腱，这三样东西负责联结关节，让人体可以自由动作。骨骼之间由韧带联结，韧带有黏弹性，亦即它能瞬间拉长和弹回，但只要拉长不动一段时间就会变长。这就是运动员常做伸展运动的原因，他们希望拉长韧带，让关节更有弹性。韧带虽然对关节如此重要，却没有血液补给，因此只要断裂就几乎无法复原。所以为了让我的膝盖恢复正常运作，医生就得更换韧带。

这类手术有几种做法，而我的主治医生选择用我的大腿后肌来重建我的前十字韧带。但为了让新的韧带固定在膝盖上，医生就必须使用螺丝把新的韧带牢牢拴住，让我未来能再踢足球或去滑雪。

人体对植入体内的物质非常敏感，绝大多数都会发生排斥，而钛是少数能被接受的材质之一。并且钛还会产生骨整合，跟骨骼紧密键结，对连接大腿后肌和骨骼非常有用，形成的密合不会因为时间久了而弱化或松弛。十几年过去了，我膝盖里的钛螺丝依然牢固，而且由于钛很强韧，惰性又高（只有极少数金属不会跟人体起反应，连不锈钢都无法抵挡人体内的化学考验），因此应该还是完好如初。多亏了强韧的氧化钛表面涂层，这些螺丝可以用一辈子，而我当然希望它们能够如此。钛还能耐受高温，因此我将来死亡火化后，还能看得出模样的可能就剩这些螺丝了。我希望当它们重见天日时，我的家人能心怀感念，因为少了它们，我就不能做许多我爱做的事情了，像是跑步、陪孩子踢足球、爬山，等等。钛螺丝和外科医生让我的身体恢复矫健，为此我由衷感谢。

当然，我离死亡还久得很，我还想维持健康活力五十年，因此将来一定还有不少地方需要重建。目前的科技发展让我对此充满希望，因为尽管我们还离"无敌金刚零零九"的世界很远，但四十年来，人类已经在这一方面取得了长足的进步。

180

●我母亲陪外公散步，时间为1982年

　　上图照片里的男人是我外公，他过世时是98岁。长寿的他直到辞世前都精神矍铄且良于行，只是得靠拐杖。不是所有人都有他这样的福气。但就算勇健如我外公，身体也有许多毛病，而且体形缩水了不少。人是注定会衰老，还是未来可能凭借人体重建的方式抵挡各种老化症状？生物医用材料实验室研发的最新科技能不能为我们带来希望，让我到了98岁高龄依然能走路、跑步甚至滑雪，健康活力就跟现在43岁的我一模一样？

　　就活动力而言，人体最先耗尽的不是肌肉也不是韧带（算我倒霉），而是关节内面。膝关节和髋关节尤其如此，因为这两个部位的运动特别复杂，需要承受极大的重量。但手肘、肩膀和手指的关节也会磨损。关节的磨损和撕裂会造成慢性骨关节炎，让人长期疼痛。另一种关节炎叫类风湿性关节炎，是人体免疫系统攻击关节所致，也会产生同样的症状。

但无论是关节自行毁损，还是出车祸或剧烈运动造成关节损伤，只要臀部、膝盖、手肘或任何部位的关节耗损殆尽，再多休息与静养也回天乏术。关节内面和骨骼不同，无法自行修复，因为它们根本不是由骨骼构成的。

关节置换不麻烦

髋关节置换手术已经问世一段时间了。最早出现在1891年，使用的是象牙材料，现在主要使用钛和瓷。人工髋关节非常成功，因为髋部的活动方式相对单纯，属于杵臼运动，让双腿可以旋转摆动（不过绝大多数动作都不自然，学过瑜伽的人就知道我在讲什么）。过去出现的迪斯科舞，就是专门展现髋部灵活性的舞蹈，跳得好再加上服装新潮，你就是一个很"hip"的家伙，这个词的意思不是很屁股，而是很炫。

我们还在子宫里时，臀部就成形了。大腿骨顶端会生成圆球状的股骨头，跟骨盆的髋臼完全嵌合，之后两根骨头会以同样的速度生长，以确保关节变大了依然密合。不过，这些骨骼的表面非常粗糙（所有骨骼都一样），因此人体会长出一层叫作软骨的外围组织，衬在两根骨头的接合处。软骨比骨骼软，但比肌肉硬，能在骨骼之间形成平滑的界面，并吸收冲击力。之后，关节再由韧带、肌腱和肌肉加以固定，限制关节的动作，防止人体跑动、跳跃和跳扭扭舞（没错！）时，股骨头脱离髋臼。所谓的关节炎，其实就是软骨受损，而软骨一旦受损就不可能复原。

因此，髋关节置换手术就是把大腿骨顶端的股骨头锯掉，换成钛做的股骨头，再把按照钛股骨头尺寸制作的髋臼钉入骨盆，最后垫上高密度聚乙烯当成软骨。这套人工关节能让腿部活动完全恢复，

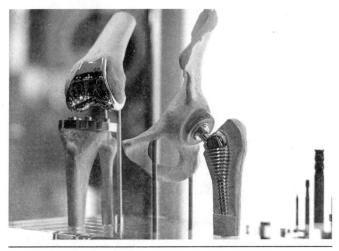

●膝关节和髋关节植入物模型

并且能使用数十年，只有当聚乙烯磨耗了才需要更换。最新款的人工髋关节密合度更高，甚至不需要聚乙烯来当缓冲，但是否更耐用还言之过早，因为金属（更新款则使用陶瓷）直接接触可能会产生其他的磨损问题。不过，髋关节置换目前已经成为很普通的手术，让数百万的老年人重获活动力。

　　膝关节置换手术的原理相同，只是关节活动机制比较复杂，膝关节不是杵臼关节，它需要扭转同时又能弯曲。下回在咖啡馆无所事事望着窗外发呆时，你不妨留意一般人怎么走路：首先是膝盖超过身体，定在下一步要踩的位置上方，再让小腿和脚甩到定位。脚着地后，脚掌必须调整角度或扭动或倾斜以贴合地面，这些都需要膝盖以复杂的方式调整动作来配合。跑步对膝盖产生的压力更大，因为在执行上述动作的同时，膝盖还得不断承受冲击。只要试着走路不弯膝盖，你就会明白膝关节对活动力有多重要。

人体组织可再造

虽然如果必要，我一定会选择动手术恢复活力，但想到十年或二十年后，我必须换掉自己的膝关节和髋关节，我还是怕怕的。不过，十年对医学和材料科学来说是很长的时间，现在也有科学家在努力研究，或许终有一天可以让我受损的软骨重新生长，而不用更换关节。

软骨是复杂的活体组织，它的内骨架和凝胶一样由纤维组成，主要成分是胶原蛋白。胶原蛋白是明胶的分子亲戚，也是人体内最普遍的蛋白质，能让肌肤和其他组织维持紧实弹性，因此除皱乳霜才会经常强调含有胶原蛋白。但和凝胶不同，胶原蛋白的骨架里有活细胞，负责制造和维持骨架。

这些细胞称为软骨胚细胞。目前，科学家可以从患者的自体干细胞培育出软骨胚细胞，但把软骨胚细胞直接注入关节并不会让软骨复原，因为这些细胞无法在原生地之外存活，也就是无法脱离胶原蛋白的骨架，一离开就会死亡。这就像直接把伦敦人送上月球以延续人类生命一样。少了基础建设，送再多人去也是枉然。

因此，我们需要在关节内仿照胶原蛋白的结构，建造一个临时骨架，再把软骨胚细胞放入这些支架内，让它们成长以及分裂增生，给它们时间和空间重建栖地，进而让软骨重新生长。这套支架法的优点在于软骨胚细胞会自行吞食掉支架，也可以事先设定，让支架在软骨胚细胞重建栖地之后，自动溶解，只在膝盖和髋部留下软骨。

用支架重建软骨组织听起来有点像天方夜谭，然而这其实已经是经过证实的做法，于20世纪60年代由亨奇（Larry Hench）教授率先尝试。当时，一位陆军上校问他能不能找到方法，帮助越战退伍伤兵再生骨骼，免于截肢的命运。"我们救得了性命，却救不了四肢。我们需要发明身体不会排斥的材质。"亨奇和其他科学家多

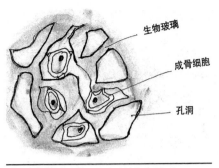

生物玻璃

成骨细胞

孔洞

●生物玻璃支架和在支架内生长的成骨细胞

方寻找与骨骼更相配的材质，结果找到一种名为羟磷灰石的矿物。人体内就有这种矿物质，而且它能强力附着于骨骼上。亨奇等人实验了许多组态，发现羟磷灰石在玻璃状态时，性质尤其特殊。这个生物活性玻璃有许多小孔，也就是拥有许多微小通道，称为成骨细胞的骨细胞喜欢住在这些通道里，并于制造骨骼时分解周围的生物玻璃，就像把玻璃吞食了一样。

这套组织工程非常成功，目前主要用于合成植骨及重建颅骨和颧骨，不过尚未用于支撑性质的骨骼，因为这类骨骼必须承受人体重量，重建时间极长，而支架无法长时间承受巨大的压力。目前的做法是在实验室重建这类大型骨骼，因为支架不仅能存在于人体，而且在实验室里也行。细胞必须在生物反应器里培养，而反应器除了能模拟人体内的温度与湿度，还能提供养分。这项技术的成功开启了新的可能，未来可望制造出能完全替代人体组织的植入物。目前，这个领域已经跨出了第一步——在实验室成功培植出了人体气管。

这项计划的初衷是为了帮助一名气管出了问题的患者。由于他的气管出现癌细胞，所以必须切除。如果不置换气管，患者就得终生倚靠呼吸器生活。科学家首先以医院常用的X光计算机断层扫描来扫描患者。计算机断层扫描通常用来寻找大脑和其他器官里的肿

瘤，但这项计划用它来替患者的气管建立3D（三维）影像，之后把影像输送到3D打印机。

3D打印是一种全新的制造技术，可以使用数字信息制造出完整的物品。3D打印机的原理跟一般打印机类似，只不过打印头射出的不是墨点，而是材料微粒，一次射出一层，逐层把物品制造出来。这项技术目前不仅能打印杯子和瓶罐之类的简单物品，而且能打印带有可动部位的复杂物品，例如轴承和马达。可以使用这项技术的材料现在有一百种，包括金属、玻璃和塑料。赛法利恩（Alexander Seifalian）教授的研究团队先做出可适应患者干细胞的支架材料，再把这个特殊材料放入3D打印机做出患者气管的精确复制品。

成人干细胞的功能为更新组织，而人体每一种细胞都有相应的干细胞负责生成细胞。生成造骨细胞的干细胞称为间质干细胞。赛法利恩教授的研究团队做出支架后，把患者骨髓内取出的间质干细胞植入支架，再放入生物反应器中。随后，干细胞转变成数种不同的细胞，开始建造软骨和其他结构，形成一个自我维持的活体细胞环境，并溶解细胞周围的支架，最后会留下一个全新的气管。

这项技术的一大优点在于植入物完全由患者自己的细胞制成，

●赛法利恩教授研究团队研发的气管支架，在移植前先植入了干细胞

一旦植入就自然成为身体的一部分，患者完全不需要服用副作用强烈的免疫抑制剂来防止身体排斥植入物。免疫抑制剂会压制免疫系统以保护植入物，使得患者可能受到寄生虫的攻击和各种感染。然而，人工气管若要正常作用，身体就必须给它输血，而目前还不清楚人体是否能建立足够的供血管道。此外，人工气管内的细胞生态必须维持稳定，气管才不会变形，患者才能正常呼吸。而消毒是另一个问题。支架使用的聚合物非常脆弱，无法承受传统的高温消毒。虽然有这些难题，研究人员还是于2011年7月7日完成了人类历史上首次的患者自体干细胞培植气管移植。

这项技术的成功加速了新一代支架材料的研发。人工气管必须能吸气、呼气，并得到血液供应才能维持长久，但它还不是人体内的调节器官。科学家接下来的挑战是培养肝、肾甚至心脏。目前，人体的这些主要器官一旦衰竭，就必须靠器官移植才能恢复健康。但器官移植得仰赖捐赠，而且必须匹配，移植后还得终生服药以防器官排斥。不过由于器官移植通常是患者重拾健康与独立的唯一希望，因此捐赠的器官往往供不应求。

器官长期短缺造成了三个后果：首先，肝或肾坏死的患者需要长期照护，不仅费用昂贵，而且会让他们无法自主生活；其次，许多患者往往等不到合适的心脏就过世了；最后，器官黑市交易越来越猖獗，更多穷人（尤其是发展中国家的穷人）被迫出售器官。不少调查都证实确有此事。最新一份来自美国密歇根州立大学的报告，记载了33个孟加拉人出售肾脏却没拿到钱，还因为手术赔上了身体健康。通常这些穷人会搭机前往器官接受者所在的国家，在私人医院摘除器官，然后立刻进行移植。据称，一枚肾脏的平均价格是1 200美元。

除非找到方法取代器官移植，否则这些问题永远无法解决。生物材料支架组织工程是眼下最具前景的替代方案，但显然还有许多难关要克服。这些主要器官结构复杂，往往具有多种细胞，互相协调执行器官功能。以肝和肾为例，人工肝肾不仅要有血液供应，而且必须联结大动脉。人工心脏的需求最急迫，因为人体只有一颗心脏，失去作用的话，人一定会死。目前已有数种人工心脏面世，但使用者最长只存活了一年。

3D打印应该会在人工器官制造技术上扮演重要角色。目前，3D打印已经广泛用于制造植牙，并于2012年为一名83岁的老妇

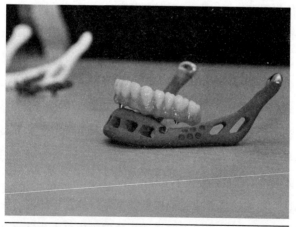

●使用3D打印技术制造的人工下颌

人制作了一副人工下颚。虽然这副颚骨由钛制成，不过打印支架材料再植入细胞，让细胞长成患者自己的骨骼，很快就会变为可能。

人体主要器官的重建步骤似乎都到位了，等我到了98岁时，或许就能换一颗新的心脏、几个人工器官和新关节，我就会依然健康有活力。这看来也不是不可能的事。但我能像奥斯丁一样，变得"更好、更快、更强"吗？

无法克服老化

现在还很难说，但答案可能是否定的。因为老化不是由于细胞老了，而是因为制造细胞的系统退化了。老化就像以讹传讹，下一代细胞无法重建上一代遗传下来的结构，使得错误和瑕疵有机可乘。我的肌肤老化不是因为肌肤细胞43岁了，完全不是。成人干细胞会一直生成新的细胞取代旧的细胞。肌肤老化是因为肌肤结构会出现错误和瑕疵，传递给下一代细胞，使皮肤开始出现斑点、皱纹并变薄。这些劣化会代代延续下去。

心血管系统也是一样。英国有将近三分之一的人死于循环系统疾病，这是主要的死因。换句话说，我很可能死于心脏病或中风。心血管系统包含心脏、肺、动脉和静脉，它让身体得以运作，而心脏病和中风基本上就是心血管系统衰竭。虽然外科医生已经很懂得修补心血管系统，让出错的部位重新运作，甚至借助器官（或植入物）移植来更换部分系统，但依然改变不了心血管系统非常操劳的事实。98岁的心血管系统就算修好了，也还是98岁的，只会越来越频繁地出状况，但置换整个血管系统在短期内还是不可能的任务。

总之，虽然培养与置换人体组织和器官越来越有成效，但是不同器官和数千个身体运作所需的系统间互动，还是会不断产生瑕疵，降低组织和器官的表现。换句话说,我们还是会变老。

合成植入物是大胆的创举,能解决人体组织或器官过早耗竭的问题,但它无法解决死亡的问题(如果我们认为死是问题的话),只能改善生活。科学家目前已经开发出机械义肢来取代手术切除的四肢。这些电子机械装置能接收大脑向四肢发出的脉冲并转译成"握紧"或"抬脚"等信号,让义肢进行动作。同样的技术也用来帮助颈部以下瘫痪的人,让他们能操控机械义肢,获得一定程度的独立自主。这些技术虽然是为了残障或瘫痪人士设计的,不过也可以用来帮助因为衰老而失去活动力的长者。

这类技术提供了一种不同于组织工程的未来:一个生物神经机械的世界。在这个世界里,我们的身体活动将越来越仰赖合成电子元件,我们跟世界的实体联结也是如此。这就是"无敌金刚零零九"所想象的技术,让奥斯丁变得"更好、更快、更强"。电视剧说这项技术需要六百万美元,换算成现在的美金是三千五百万。虽然金额是虚构的,却点出了长生科技的致命伤——价格惊人。想维持健壮到100岁得花上一大笔钱。谁愿意付这么多钱?这会成为奢侈品吗?只有富人到了98岁还可以打网球,其他人只能坐轮椅吗?还是这项技术只会让我们的退休年龄延后,要一直工作到八九十岁?我比较喜欢第二种未来。但若费用真的是三千五百万美元左右,那我们大多数人就算工作再多年也负担不起。

我很可能会活到98岁。到时候,我到底是会身高缩水一半,跟我外公一样得靠拐杖才能慢慢前进,还是能跟孙子玩网球和足球,这不仅得看尖端生物材料研究的进展,而且得看药物价钱的高低。但我衷心希望我和哥哥多年前齐声高唱的那句歌词"我们能改造他,让他更好、更快、更强"会成真。我想:长生不死我应该还应付得来。

后记　材料科学之美

　　我在这本书中考察了物质与材料的世界，希望让各位明白我们周遭的材料虽然看起来只是五颜六色的东西，其实远非如此。这些材料都是人类需求与欲望的细致展现。为了创造这些材料，满足我们对衣装服饰和蔽身之处的需要，以及对巧克力和电影的喜好，我们被迫做出一件了不起的大事：我们掌握了这些材料复杂的内在结构。这套理解世界的方式称为"材料科学"，到现在已经有数千年了。它的重要性和"人味"不下于音乐、艺术、电影与文学，却没那么为人所知。在这本书的最后一章，我想更进一步介绍材料科学的语言，因为它指出了一个涵盖所有材料的概念，不仅包括我们之前介绍过的材料，而且包括没提到的。

这个涵盖一切的概念是：就算某种材料看起来只有一种颜色，摸起来只有一种感觉，就算它外表只有一个模样，那也只是一种幻觉。任何材料其实都是由许多不同实体组成的，而这些实体会在不同尺度上展现。就像俄罗斯套娃一样，材料的结构都是一层套着一层，几乎每一层肉眼都看不见，每一层都比外层小，并紧密贴着外面那层。这个多层结构不仅让某种材料成为某种材料，也让我们成为我们。

原子是最基础的材料结构之一，但不是唯一重要的结构。一些更大的结构也很重要，如（我只举本书提过的）位错、晶体、纤维、支架、凝胶，等等。这些结构个个就像小说里的不同角色，共同塑造了材料的形状。有时某个角色主导了小说，但只有让所有角色各归其位，我们才能完整解释材料的性质。例如我之前解释过，不锈钢汤匙尝起来没有味道是因为结晶内的铬原子会和空气中的氧原子反应形成氧化铬，在汤匙表面形成保护膜。就算表面刮伤，保护膜也会迅速复原，让铁锈来不及生成。于是，我们吃饭再也不会尝到餐具的味道。这个分子解释令人满意，但只说明了不锈钢"没味道"的特质。唯有考虑不锈钢的所有内在结构，我们才能完整了解它的全部性质。

万物都由原子构成

从这个角度来看，很快我们就会发现所有材料其实拥有一组共同的结构。最简单的例子就是所有材料都由原子构成。你很快就会发现，金属和塑料有许多共同点，而塑料又和皮肤及巧克力等有许多雷同之处。为了呈现所有材料的共同点，我们需要绘制一张材料的俄罗斯套娃结构图。这不是以单一尺度描绘各种地形的普通地图，而是以多重尺度表达一种地形：材料的内在世界。请见下图。

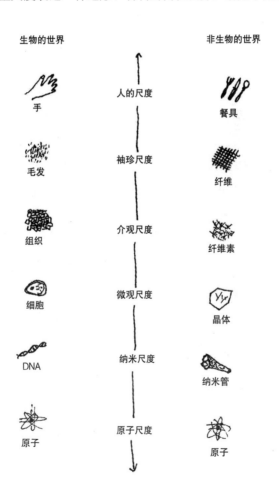

让我们从最根本的组成单元开始，那就是原子。原子的大小是我们的一百亿分之一，因此肉眼显然无法看见原子结构。地球上自然存在的原子有94种，其中8种构成了98.8%的材料与物质，分别是铁、氧、硅、镁、硫、镍、钙、铝，其他都算是微量元素，连碳也不例外。我们已经能把一些常见元素转换成稀有元素，但得靠核反应堆才能进行，这种方法不仅价格高于采矿，而且会产生核废料。这就是为何黄金到了21世纪依然值钱。从以前到现在，人类开采的黄金加起来也只能放满一栋豪华别墅。

某些原子非常有用，但数量稀少，例如钕和白金，但量少不一定是问题，因为材料不单单取决于它的组成原子。就像之前提到的，坚硬透明的钻石和乌黑柔软的石墨，两者的差别不在于原子，它们都是由同一种元素构成的，也就是碳。两者性质的巨大差异来自原子的排列方式，在于是立方体还是多层堆栈的六角平面。这些排列方式不是随意的，我们无法随心所欲地排列原子。

排列的规则取决于量子力学，而量子力学把原子视为波函数，而非粒子，因此用结构来称呼原子本身以及原子形成的键结更为恰当。有些量子结构会产生可移动的电子，使得该材料可以导电。石墨的结构就是如此，所以能导电。钻石里的原子跟石墨相同，但结构方式不同，使得电子在晶格内无法自由移动，因此钻石不会导电。钻石呈现透明也是同样的道理。

这个看似炼金术的现象告诉我们，就算原子的种类极少，也可以创造出性质极为不同的材料。人体就是很好的例子。大多数的器官和组织都是由碳、氢、氧、氮所组成的，而这四个成分的排列组合只要稍微变化，再加上钙和钾之类的矿物质点缀，就能形成头发、骨骼和肌肤等极为不同的生物材料。这就是材料科学的金科玉律：单是知道材料的基本化学组成，并无法了解材料的特性。这个法则不仅对技术发展非常重要，而且具有深远的哲学意义，毕竟现代社会就是靠它才得以存在的。

因此，组合原子才能创造材料。由一百个左右的原子堆叠而成的骨架就叫纳米结构。1纳米是十亿分之一米，属于这个尺度的物体叫大分子，也就是由数十到数百个原子组成的较大结构，例如我们体内的蛋白质和脂肪。塑料的主要成分也属于这一类，比如制造赛璐珞的硝化纤维素和必须从木浆中去除才能造纸的木质素。纳米尺度的多孔结构就是非常细致的发泡材料，例如气凝胶。

结构尺度影响大

在之前的章节中，这些结构看似面貌不同，其实都有一个共同点，就是它们的性质都出自纳米结构，调整这个尺度的结构就会改变它们的性质。人类操控纳米世界已经有数千年历史，只不过之前靠的是化学反应或炉床冶炼之类的间接方式。铁匠打铁其实是在改变铁内结晶的形状，让纳米尺度的位错"成核"，亦即让晶体内的原子以音速跳到另一个晶体。我们的肉眼当然看不见这么微小的变化。在人的尺度上，我们只会看见铁改变了形状。这就是为什么我们过去觉得金属是"铁板一块"，因为我们直到这些年才掌握了结晶内部的复杂机制。

纳米科技之所以在最近蔚为风潮，是因为我们现在有了显微镜等工具，能直接在纳米尺度进行操控，创造大量的纳米结构。我们现在能做出搜集光转化成电来储存的纳米结构，以做出发光源，甚至做出能感受气味的纳米粒子。纳米科技似乎拥有无限可能，但更有趣的是，许多纳米结构都能自我合成，也就是这些材料能自行生成。听起来很诡异，但完全符合已知的物理定律。汽车马达和纳米马达的差别在于，纳米世界的主要作用力为静电力和表面张力，纳米尺度下的重力非常微弱，而前述两种作用力却特别强。但对车子而言，最强的作用力是地球的重力，重力会让车子肢解。因此我们可以设计纳米机械，让它能利用静电力和表面张力自动合成与自行修复。细胞内部本来就有这套分子机制，所以才会自行生成，但在人的尺度上就需要力气和强力胶了。

纳米结构太小了，人类看不见也摸不着。为了让材料能和人互动，我们就必须组合纳米结构，让它变大十到一百倍，聚合成显微镜下可见的结构。不过，即使纳米结构变大到微观尺度，肉眼依然看不见。硅芯片是20世纪最伟大的科技突破之一，它就属于微观尺度。硅芯片由硅结晶和电导体聚积而成，是电子世界的动力火车。我们身边的电子设备包含了数十亿个硅芯片，它们能播放音乐、拍摄度假相片和洗衣服。它们是人造的大脑神经元，尺寸相当于人体的细胞核。奇怪的是它们没有会动的部位，完全靠本身的电磁性质来控制信息流。

生物细胞、铁结晶、纸的纤维素纤维和混凝土原纤维也属于微观尺度。这个尺度中还包括一个伟大的人造结构，就是巧克力的微

●制作硅芯片的设备

196

观结构。可可脂结晶有六种结晶构造，熔点各不相同，使得巧克力拥有非常特殊的口感。糖的结晶和包含巧克力香味分子的可可粉也属于这个尺度。改变巧克力的微观结构就能改变巧克力的味道与口感，而这正是巧克力师傅的本领所在。

材料科学家正在设计可以控光的微观结构。这类人造"超材料"具有可变的折射率，可以把光屈折成任意角度。这项技术催生了第一代的隐形斗篷，只要围住某个物体，它就会弯折射向物体的光线，让人无论从任何角度看都会觉得那个物体消失了。

肉眼可见的尺度

介观尺度包含了原子结构、纳米结构和微观结构，是肉眼可见的临界点，手机的触控屏幕就是很好的例子。它看来平滑细致，但只要把水滴在屏幕上，水珠就会产生放大效果，让人看见它其实是由微小的像素组成的，而且有红、蓝、绿三种颜色。这些微小的液晶可以个别调控，组合成人类肉眼能见的所有颜色，而且能迅速开关，因此可以用来看电影。瓷也是介观结构改变而得到的成果，是另一个很好的例子：由不同的玻璃和结晶结构组合在一起，创造出强韧、光滑又色泽丰富的材料。

袖珍尺度由原子结构、纳米结构、微观结构和介观结构组成，是肉眼刚巧可见的大小。丝线、头发、缝针和这本书的铅字都属于袖珍尺度。当你欣赏和抚摸木头的纹理时，就是在袖珍尺度下感受这些结构的组合。这个尺度的组合让木头拥有独特的质感，坚而不硬、轻巧温暖。同样的道理，绳索、毛毯和地毯也都属于这个尺度，当然衣服也是。那些较小结构在袖珍尺度的组合，造就了这些材料的强度、弹性、味道与触感。一条棉线的外表可能跟丝或凯芙拉纤维难以区别，但它们在原子、纳米、微观、介观和袖珍尺度的结构上有相当大的差异，其中一个足以抵挡利刃，另一个软若牛油。我们的触觉就在这个袖珍尺度上跟物质互动。

最后是人的尺度。这个尺度是之前所有结构的集大成者，我们握在手上、放进嘴里或位于我们体内的东西都属于此类。这是雕塑和艺术品的尺度，也是管道工程、烹饪、珠宝和建筑的尺度。这个尺度的材料都是我们日常所见的物品，如塑料管、油画颜料、石头、面包和螺丝等。这些材料的外表再次显得整齐划一，但我们已知道事实并非如此。不过由于这些材料的深刻内涵必须放大才能看见，因此直到20世纪，我们才发现所有物质底下的这个多尺度结构。就是这个多尺度结构让我们明白，为何所有金属虽然外表相似，性质却大相径庭，为何有些塑胶柔软好拉扯，而有些坚硬如石，还有我们为何能把沙子变成摩天大楼，等等。这是材料科学最值得骄傲的成就，因为它解释了那么多事情。

设计不同尺度的结构让我们有能力发明新材料，但21世纪真正的难题在于结合所有尺度的结构，形成人的尺度的物体。智能手机是这种整合的实例，它结合了介观尺度的触控屏幕和纳米尺度的电子元件，因此让整个物体全接上电线，有如布满神经线路般，已经不再是不可能的任务。一旦全面实现，我们的房子、建筑甚至桥梁都将可以自行发电，传送到需要的地方，同时能侦测毁损并自我修复。如果你觉得这听起来像科幻小说，别忘了生物体内的物质早就做到这一点了。

生命与无生命的分野

由于材料的小尺度结构都包含在大尺度结构内，因此物质的体积越大，结构也越复杂。这表示次原子粒子和量子力学的世界虽然常被视为科学最复杂的领域，但其实比牵牛花还单纯许多。

生物学家和医师早就明白了这一点。他们的学科长久以来一直由经验和实验法则（而非理论法则）所推动，因为他们的研究对象不但大又有生命，而且复杂到无法用理论加以描述。然而，第236页的尺度表告诉我们，生命体在概念上其实和无生命体没有区别。两者最大的差异在于生命体内部各尺度的联结更深，不同尺度会彼此沟通，主动组织生命体的内在结构。

无生命体在受到人的尺度的外在压力时，所有尺度都会受到影响，诱使许多内在机制产生反应，最后可能造成无生命体改变形状、断裂、共振或变硬。相较之下，生命体侦测到外力来临时则会采取某种行动回应，例如挡回去或转头逃跑。这类生命反应非常多。树枝是被动的，大部分时间都表现得像无生命体，猫腿则毫无疑问几乎随时都生气勃勃。而科学的重大问题之一就是，不同尺度间的联系加上主动回应，是否足以构成生命现象？这并不是要贬低生命体，而是想抬高无生命物质，它们比外表看上去复杂多了。

从古至今，无论人类科技的发展是快是慢，地球上物质的基本结构方式都始终没有改变。地球上有我们认为有生命的生物，也有无生命的物体，例如岩石、工具和建筑等。但随着我们更了解物质，迎来材料的新时代，生命和无生命的界限也模糊了起来。拥有人造器官、骨骼甚至人造大脑的仿生人将变得稀松平常。

材料拥有意义

不过，不管我们拥有的躯壳是不是人造的，肉身都不是人的全部。我们还活在非物质的世界里，一个由心灵、情感与知觉构成的世界。物质世界虽然不同于心灵世界，却不是毫不相干。所有人都知道物质世界对心灵的影响有多强烈。坐在舒服的沙发上和坐在木椅上给我们的情绪感受完全不同。这是因为对人类来说，物质从来都不只是实用品。考古证据显示，上古人类一懂得制造工具，就开始制作首饰珠宝、胭脂、艺术品与服装。这些材料的发明是为了文化与美感，而文化与美感始终是材料科学发展的强大推力。正是由于材料和社会功能关系密切，因此我们喜欢的材料和出现在我们身旁四周的物质才会那么重要。材料拥有意义，诉说着我们的理念，让我们成为我们。

材料的意义在我们的日常生活中随处可见，和材料的用途密不可分。金属坚硬而强韧，适合制造机械，但设计师也会刻意使用金属，好把金属可靠及强韧的形象注入产品中。金属外观是工业设计语言的一部分，象征着带给人类大众运输和机械时代的工业革命。我们大量制造和塑造金属的能力也塑造了我们。我们景仰金属，因为它是我们可靠、坚固又强劲的仆人。我们每次坐上汽车或火车、把衣服放进洗衣机、刮胡子或剃腿毛，都得倚靠它。

人类有悠久的历史，使得我们对物质的观感很难一概而论。我们为了许多理由喜欢金属，例如工业感，却也为了同样的理由而讨厌它。每种材料都有许多含意，因此我对本书10种材料所选的形容词并不是唯一的标准答案。那些形容词是我选的，所有的内容也都是从我的角度出发的，目的在凸显一件事：我们每个人都和物质世界有着千丝万缕的关系，而我只是跟你分享我的观点。

我们都很善于察觉材料的意义，有时清楚地知道，有时莫名了解。由于所有物体都由材料构成，因此材料的意义在我们心中无处不在，外界环境也在不断地轰炸我们。无论在农场或都市、火车或飞机上、图书馆或购物中心，材料的意义都在不断影响着我们。当然，设计师和建筑师都会用这些意义来设计服装、产品及建筑，让我们爱上它们、认同它们、想把它们留在我们身旁。材料的意义就这样因我们的集体行为而加强，拥有了普遍的含意。人们购买衣服，通过身上的衣服成为自己希望成为或被迫成为的人。时装设计师是操作这些意义的高手。但我们在日常生活的每一处都会选择材料以反映自己的价值观，从浴室、卧房到客厅都是如此。其他人也会在工作处、都市和机场把他们的价值展示给我们。这是一个持续反思、吸收与表达的过程，它不断重塑身边物质对于我们的意义。

然而，重塑不是单行道。我们想要更强韧、舒适、防水和透气的布料，而为了创造出这种材质，就需要了解物质的内在构造。这推动了人类对材料的科学理解，也推动了材料科学的进展。因此，材料确实反映了我们，以多尺度的结构展现了人类的需求与渴望。

最后再看一眼我在屋顶上的照片，希望读了本书之后，你会开始看到不一样的东西……

致谢

有个科学家老爸，让我的好奇心从小就得到滋养。他会带着标示"危险"的强酸药瓶回家，在地下室的工作间做实验，还买了得州仪器公司生产的第一代计算机。我有三个哥哥，西恩、艾伦和丹恩。我们从小就爱用身体去探索这个世界，盖房子、挖东西、砸东西，四处戳戳弄弄、跑跑跳跳。

而我母亲总是用慈爱的眼光看着我们，让我们尽情出去溜达、吃东西、把头发梳得奇形怪状。我们家四兄弟都是少年秃，因此在她的晚年，无法再用各种发型娱乐她。但我们都爱烹饪，而这本书是为她而写的。可惜她在2012年12月离开了我们，无法亲自读到这本书，这是我莫大的遗憾。

我的材料科学教育开始于牛津大学材料科学系。我要感谢材料科学系所有的教授和职员，尤其是我的导师约翰·马丁、克里斯·格罗夫纳、阿尔弗雷德·塞雷索、布赖恩·德比、乔治·史密斯、阿德里安·萨顿、安格斯·威尔金森，当然还有系主任彼得·赫希。我就读博士班时跟安迪·戈弗雷共享一间研究室，从他身上我获益良多。

我在1996年从牛津大学毕业，先去美国山迪亚国家实验室工作，接着又到爱尔兰的都柏林大学学院和伦敦国王学院任职，最后在伦敦大学学院落脚。这一路上不少人让我学到不少事情，我在此要特别感谢伊丽莎白·霍尔姆、理查德·莱萨、托尼·罗莱特、戴维·斯罗洛维茨、瓦尔·兰德尔、迈克·阿什比、艾伦·卡尔、戴维·布朗、彼得·古德休、迈克·克洛德、赛姆义德·曼南、帕特里克·梅斯基达、克里斯·洛伦斯、维托·康特、何塞·穆尼奥斯、马克·利思戈、敖萨夫·阿夫扎尔、沙恩·伊德、理查德·温特沃思、安德烈娅·塞拉、哈里·威彻尔、博·洛托、昆汀·库珀、薇薇恩·帕里、里克·霍尔、阿隆·沙哈、盖尔·卡迪尤、奥林匹娅·布朗、安迪·马默利、海伦·梅纳德-卡斯利、丹·肯德尔、安娜·埃文斯、弗里克·戴维·杜根、艾丽斯·琼斯、海伦·托马斯、克里斯·索尔特、内森·巴德、戴维·布里格斯、伊什贝尔·霍尔、萨拉·康纳、金·希林洛、安德鲁·科恩、米歇尔·马丁、布赖恩·金、底波拉·科恩、莎伦·毕晓普、凯文·德雷克和安东尼·芬克尔斯坦。

我有幸曾跟几所了不起的机构合作策划演出与展览，制作介绍材料的节目，这让我对本书的主题有了更多的了解。我要感谢切尔滕纳姆（Cheltenham）科学节、威康（Wellcome）收藏馆、泰特现代美术馆、维多利亚与艾伯特博物馆、伦敦南岸艺术中心、英国皇家学院、皇家工程院，以及英国国家广播公司第四台科学组和电视部科学组。

伦敦大学学院制成研究中心是很特别的地方，也是知识的殿堂。我想感谢所有成员在我写作期间付出的友谊与支持，他们是：马丁·康林、伊丽莎白·科尔宾、埃莉·多尼、理查德·盖梅斯特、菲尔·豪斯、佐伊·劳克林、萨拉·威尔克斯和苏皮亚·翁西蒲沙。

我还要感谢所有看过部分章节并提供建议的朋友：菲尔·珀内尔、安德烈娅·塞拉和史蒂夫·普赖斯。

在我写作期间，有些朋友不仅提供建议，而且一路鼓励我。我衷心感谢我的挚友巴兹·鲍姆，还有我亲爱的老爸、老哥、嫂嫂、侄子和侄女，以及2012年恩里科·科恩在佩鲁贾办的科学工作坊所有成员。

没有我的出版经纪人彼得·塔拉克和企鹅—维京出版社的远见与

鼓励，这本书就不会诞生。我尤其感谢我的编辑威尔·哈蒙德，他在写作上给了我最大的信心。

最后，我在写这本书的时候我儿子正好即将诞生。他和他母亲是我写作时的灵感泉源。

图片来源

第68页 Courtesy of Italcementi Group.

第90页 NASA.

第92页 NASA.

第97页 NASA.

第131页 A. Carion.

第133页 John Bodsworth.

第187页 University College London.

第188页 University of Hasselt.